混合动力汽车维护与保养

主 编 陈保帆 程 诚

北京理工大学出版社
BEIJING INSTITUTE OF TECHNOLOGY PRESS

内 容 简 介

本书从实际应用出发，根据项目教学的要求，采用"项目引领，任务驱动"的模式编写。本书共有 6 个项目，29 个任务，内容包括汽车维护作业前的准备、汽车油液的检查与更换、汽车发动机的维护与保养、汽车底盘的维护与保养、汽车电气系统的维护与保养，以及汽车新能源部分的维护与保养等。本书以国内外中高档汽车为例，以便学生能系统地掌握混合动力汽车维护与保养的相关知识。

本书是混合动力汽车维护与保养在线课程配套教材，也可作为汽车类应用本科、高职高专相关专业的理实一体化教材，具有内容丰富、知识面广泛、实用性强、结构合理的特点。教材融入理实一体化的教学方法，由感性到理性、由浅入深，遵循学习规律，激发学生的学习热情。本书的编写遵循理论与实践结合，重在实践的原则，加强学生实践技能的培养与训练，最终达到理论与实践有机结合的目的。

图书在版编目（C I P）数据

混合动力汽车维护与保养／陈保帆，程诚主编. ––
北京 ：北京理工大学出版社，2023.6
　　ISBN 978 – 7 – 5763 – 2429 – 7

　　Ⅰ. ①混… Ⅱ. ①陈… ②程… Ⅲ. ①混合动力汽车 –
车辆修理②混合动力汽车 – 车辆保养 Ⅳ. ①U469.7

　　中国国家版本馆 CIP 数据核字（2023）第 096688 号

出版发行／北京理工大学出版社有限责任公司
社　　　址／北京市海淀区中关村南大街 5 号
邮　　　编／100081
电　　　话／（010）68914775（总编室）
　　　　　　（010）82562903（教材售后服务热线）
　　　　　　（010）68944723（其他图书服务热线）
网　　　址／http://www.bitpress.com.cn
经　　　销／全国各地新华书店
印　　　刷／唐山富达印务有限公司
开　　　本／787 毫米 × 1092 毫米　1/16
印　　　张／15.25　　　　　　　　　　　　　　　责任编辑／赵　岩
字　　　数／355 千字　　　　　　　　　　　　　文案编辑／辛丽莉
版　　　次／2023 年 6 月第 1 版　2023 年 6 月第 1 次印刷　　责任校对／周瑞红
定　　　价／76.00 元　　　　　　　　　　　　　责任印制／李志强

前 言

PREFACE

　　随着我国高等职业教育的发展，以及职业教育课程体系内涵建设和改革的不断创新，理实一体的教学模式已成为高职教育课程改革的重要方向。我们编写的《混合动力汽车维护与保养》是以项目为导向，任务为驱动，通过具体案例情景的学习，带动学生操作技能、职业能力的形成。

　　本书是以汽车维护与保养的两个关键因素中的里程数为保养条件的汽车类应用本科、高职理实一体化教材。目前，4S店普遍采用按里程数量确定车辆维护和保养项目的原则。学生通过本书的学习能实现与汽车维修公司汽车保养项目的同步和接轨。

　　本书在编写过程中主要突出以下特点：以全国维修技能大赛中的汽车维护与保养实训操作项目为大纲，以维修手册规定里程保养项目为任务；以操作规范和安全作业要求作为技术操作使用规范，促进标准职业素养的养成；结构上采用项目单元，多任务、多情景的设计，课程中体现重在实践、理论够用的指导思想；在完成项目内容后，有对应的质量评价标准供教师对学生的表现进行考核和总结。

　　本书每个项目单元都是由维修保养手册中规定的多个完整而真实的工作任务组成的，以培养学生团结协作能力，训练学生严格执行工作程序、工作规范、工艺文件和安全操作规程，同时也可树立学生高度的工作责任心。

　　本书的参考学时为64学时，其中实训环节学时为44学时，各项目参考学时如表0-1所示。

表 0 - 1　学时参考

章节	课程内容	学时分配	
		讲授	实训
项目一	汽车维护与保养作业前的准备	2	4
项目二	汽车油液的检查与更换	2	2
项目三	汽车发动机的维护与保养	4	4
项目四	汽车底盘的维护与保养	4	12
项目五	汽车电气系统的维护与保养	4	12
项目六	汽车新能源部分的维护与保养	4	10
课时总计		20	44

　　本书的编者为多年从事汽车维护与保养课程教学工作的一线教师，并参与过汽车维护与保养课程改革工作。本书由重庆水利电力职业技术学院陈保帆主编，并负责整体策划和统稿工作。书中项目一由韩颖编写，项目二由李维编写，项目三由赵馨月编写，项目四由苏仕见编写，项目五由吕世明编写，项目六由程诚编写。在此向各位老师表示感谢，同时对参与本书内容讨论的重庆路豹汽车有限公司、重庆百事达天威汽车销售有限公司、重庆易泰实业汽车维修有限公司的工程师和技术骨干们表示感谢。

　　由于编者水平有限，书中难免存在疏漏之处，恳请广大读者批评指正。

编　者

目 录
CONTENTS

目
录

目
录

目
录

项目一

汽车维护与保养作业前的准备

任务1　汽车维护与保养的业务接待

【学习目标】

知识目标	能力目标	思政要素和职业素养目标
（1）了解汽车4S店业务接待的沟通技巧； （2）熟悉汽车4S店业务接待的服务内容； （3）熟悉汽车4S店业务接待的职责； （4）掌握汽车4S店业务接待的职业行为规范	（1）能对各种顾客进行准确分析，具备与客户交流沟通能力； （2）能熟练运用礼仪规范进行维修业务接待	（1）树立正确的学习观、价值观，自觉践行行业道德规范； （2）遵规守纪，团结协作，爱护设备，钻研技术； （3）发扬一丝不苟、精益求精的工匠精神

【任务引入】

客户报修：

王先生的迈腾1.4T自动挡轿车行驶了6万km，车况良好，里程数达到保养要求，需要进行维护与保养。

分析原因：

客户的车况良好。在预约时间的前一天，服务顾问给王先生打电话进行提醒和确认，在预约好的日期，客户开车到达4S店直接进行6万km的保养项目。4S店需要与客户对接并做好接待服务工作。

【相关知识】

一、客户满意度

1. 顾客满意度的含义

学术上有一个理论，顾客满意度与 Q、V、S 三个因素有关，其中 Q 代表品质，V 代表价值，S 代表服务，所以顾客满意度是品质、价值、服务三个因素的函数。

要想让顾客满意，必须在三个方面都能让顾客满意，而实际上顾客是否满意不是取决于维修部门做得最好的一个方面，而是做得最差的那一个。

2. 顾客满意定律

1）顾客满意第一定律

杠杆比为 1:24，即一个顾客抱怨的背后会有 24 个相同抱怨的声音。

2）顾客满意第二定律

扩散比为 1:12，即一个不满意的顾客对企业造成的损失需要 12 个满意的顾客创造出的利润才能平衡。

3）顾客满意第三定律

成本比为 1:6，即吸引一个新顾客的成本是维护老顾客的 6 倍。

3. 造成顾客不满意的原因

造成顾客不满的原因之一是他们觉得自己没有受到应有的重视。

若将车子送到特许经销部进行修理，车主们需要重新安排自己的日程。对维修人员来说，所有的顾客都一样，但是每个顾客都希望得到特别的关注。

顾客对维修部的不良印象成为他们买车时的主要影响因素。

4. 确保顾客满意

1）满足顾客内心期望

（1）满意因素。满意因素代表着顾客内心所期望能获得产品或服务的情境。

（2）保健因素。保健因素只能降低顾客的不满，不能提升顾客的满意。

2）确保顾客满意的技巧

使顾客满意的工作并不是从维修部门开始的，而是从顾客踏进特许经销部的那一瞬间就开始了。

由于汽车的平均价格较高，顾客的期望值也高。若维修部将每个没有得到满足的顾客视作一个利润源，高期望值同样可以带来许多获利的机会。

二、优质服务流程

1. 顾客期望优质服务

优质服务是 4S 店维修部运营成功的基石。

优质服务是利润之源。不能提供优质服务将给维修部门带来不利的后果，工作将更难开展，使顾客感到不满，企业的声誉和利润都会受损。

声誉同样是企业经销部门的资产之一，声誉不佳甚至会导致企业破产。

2. 优质服务的概念

质量服务部运作的基本目标不仅要确保维修部提供让顾客满意的优质服务，还要使顾客认识到管理者为保证服务质量所做的努力。

优质服务就是要竭力使顾客满意，从维修工作的开始就要牢固树立这一概念。维修部应经常修改维修计划，勤奋工作，给予顾客足够的关注。

提供优质服务不仅需要全体维修人员和管理人员的共同努力，还要制定相应的措施。

3. 人性化服务

要使顾客完全满意，首先要考虑他们的心理需求。

有些顾客有过多次不愉快的修车经历，就认为维修部没有对自己讲真话或该维修部技术水平低下，这样不仅会引起顾客的不满，更别说提供人性化服务了。尽管从一开始就能找出车辆的问题所在，顾客仍然会对此持怀疑态度。维修人员必须耐心细致地工作，告诉顾客（并向他们展示）我们正在努力提供优质的服务以满足顾客的需要，同时给顾客留下一个积极的印象。

4. 提高优质服务的途径——便捷服务

（1）便捷服务的责任。

（2）便捷服务是关键。

（3）维修部应主动解决便捷服务中的矛盾。

（4）提高维修顾问便捷服务的标准。

5. 使顾客成为回头客

（1）处理原则。

培养顾客信任感。

（2）方法与步骤。

①要关注主要的维修项目。

②充分利用各种场合，向正在等候的顾客推荐流行的车辆保养方法或提供一些免费的维修服务。

③销售常规的车辆保养服务。

④工作记录。

⑤告知顾客相关的情况。

⑥获取顾客的反馈信息。

⑦推销维修服务的电话。

⑧逐步赢得顾客的信任。

⑨关注特殊需求。

⑩按时提供零配件。

⑪建立维修交付体系。

⑫进行服务跟踪。

三、汽车 4S 店业务接待

1. 汽车 4S 店业务接待的作用

大多数汽车维修企业或专业维修中心（站）都设有业务接待部门。

业务接待是维修企业进行业务活动的第一个环节。提高业务接待人员的工作质量，是维修全面质量管理的重要内容。

接待顾客的态度对企业的形象关系重大，接待人员应该尽可能地主动、热情、耐心，因为它会给顾客留下深刻的印象，而顾客的印象直接影响着企业的信誉及营销。

2. 业务接待人员的服务质量

业务接待人员服务质量水平的高低受以下因素的影响。

（1）个人的自身条件。

（2）个人的修养。

（3）个人的事业心。

（4）知识技能。

（5）社会环境。

（6）企业的管理机制。

（7）竞争对手的情况。

3. 业务接待人员的业务质量

（1）做好维修车辆的情况登记。

（2）拟定完善的维修方案。

（3）开具详细的任务委托书。

（4）对于客户不能等待和当天不能完工的车辆，在办理车辆入厂登记时，应查明车辆中所存物品及其他不愿修理的故障情况；当车上有贵重物品时，请客户将贵重物品带走或自己妥善保管。

（5）业务接待人员应经常到维修现场，以便更多地掌握车辆的维修情况。

（6）对于维修过程中出现的新故障或的确需增加的维修项目，应及时与客户讲清楚。

（7）车辆修竣后，业务接待人员应查看车辆，确认进厂报修单上所有维修内容已经全部完成，再通知客户接车、结算。

（8）在通知财务结算之前，业务接待人员应把维修中的大致情况和维修费用告诉客户。

（9）在通知财务结算时，对于一些小的花费，业务接待人员切不可斤斤计较。

（10）客户结算后，要离开时，业务接待人员切不要忘记与客户攀谈几句，送上一件小的纪念品。

（11）做好客户档案管理工作。

（12）经常与客户保持联系也是业务接待人员的一项工作内容。

（13）练就一副"火眼金睛"。

（14）学会与"挑剔"客户打交道。

4. 业务接待的职业道德修养

修养是指一个人在政治、学识、道德、技艺等方面自觉进行学习、磨炼、涵养和陶冶的功夫，以及经过长期努力所达到的某种能力和素质。

所谓道德修养，就是人们为了提高自己的道德素质而在思想品质和道德行为等方面的自我教育、自我锻炼、自我改造。

职业道德修养是道德修养的一个重要方面，它是从业人员依据职业道德原则、规范的要求，在职业认识、职业意志、职业情感和职业信念和行为等方面自我教育、自我锻炼，以提高自己的道德素质，做好本职工作。

5. 职业道德修养的内容

（1）职业道德情感的修养。

（2）职业道德认识的修养。

（3）职业道德信念的修养。

（4）职业道德行为习惯的修养。

6. 职业道德评价的形式

（1）行业舆论评价。

（2）社会舆论评价。

（3）传统习惯的评价。

（4）内心信念的评价。

7. 业务接待的行为规范

1）站立规范

女士：抬头，挺胸，收紧腹部，肩膀向后垂，两腿直立，两脚夹角成45°～60°，身体重心落在两个前脚掌上，站立的时候看上去有点儿像字母"T"，因此被称为"基本T"或者"模特T"。

男士：挺胸，抬头，收紧腹部，两腿稍微分开，脸上带有自信的表情，也要给人一个挺拔的感觉。

2）行走规范

走路尽量走成一条直线。

女士：抬头，挺胸，收紧腹部，肩膀向后垂，手要自然地放在两边，两臂轻轻地摆动，步态要轻盈，不能拖泥带水。

男士：脚步不用太轻，也不用走"T"字形，但一定要稳健，抬头挺胸，充满自信。

3）坐姿规范

女士：两腿进入基本站立的姿态，后腿能够碰到椅子，从椅子的左侧进入，轻轻坐下来；两个膝盖一定要并起来，不可以分开，两腿可以放中间或放两边；两手叠放于左右腿上，两腿是合并的，绝不能分开。

男士：膝部可以分开些，但不宜超过肩宽，更不能两腿叉开。如长时间端坐，可两腿交叉重叠，但要注意将上面的腿向回收，脚尖向下。

入座时要轻，至少要坐满椅子的2/3，后背轻靠椅背，身体稍向前倾，表示尊重和谦虚。

4）下蹲规范

女士：下蹲时不要有弯腰且臀部向后撅起的动作，这样非常不雅，也不礼貌。正确的方法是弯下膝盖，两个膝盖应该并起来，而不应该分开，臀部向下，上身呈一条直线，这样的蹲姿就典雅优美了。

男士：没有严格的要求。

5）见面规范

在一般情况下见面时，应是男士向女士先打招呼致意，所谓"打招呼男士为先，握手女士为先"，但当对方是客户或上司时应主动招呼。

当对方打招呼时，应立即有所反应，做出积极又礼貌的表示，如微笑回应一下，向对方致意时也应保持微笑。

6）握手规范

握手时，伸手的先后顺序是上级在先、主人在先、长者在先、女性在先。伸出自己的手与对方的手相握，同时你的身体应该是向前倾；握手时，应站起来握，如果你是坐着的，有人走来和你握手，你必须站起来。

标准的握手姿势应该是平等式，即大方地伸出右手，用手掌和手指用一点力握住对方的手掌，男士、女士同样适用。握手的力度要适当，过重或过轻都不宜。握手的时间通常是 3~5 s。

7）介绍规范

介绍时应按顺序先将男士介绍给女士，将年轻者介绍给年长者，将职位低者介绍给职位高者，将晚到者介绍给早到者。

介绍时的姿态应是面向对方，伸出手做出介绍手势，介绍手势是手掌向上，五指并拢伸向被介绍者，千万不能用手指指点。

当别人介绍你或对方向你自我介绍后，应该有所表示，或微笑或握手或点点头。

8）交谈规范

（1）交谈时，应面对面，目光注视对方，距离最好在 2 m 以内，但不要靠得太近。

（2）交谈时，应用表情、动作或语言对对方的谈话有所反应，让对方感受到你对谈话的态度。

（3）交谈时，应耐心听对方讲话，不要随便打断对方，另外还可用对方最后的话来发挥，帮助对方扩展话题，提高交谈兴趣。

（4）交谈时，应该想好了再讲话，讲话的速度要慢，可以把话缩短分段，这样听起来有节奏感也有说服力，给人一种有条有理的印象。另外，讲话的措辞应得当，交谈时如赞美对方也要注意恰如其分。

（5）交谈时，不要提到对方反感的话题，即使是敏感的内容，也要以善良、真诚的心态和语言去谈论。

（6）交谈时，将"请""谢谢""对不起"常挂在嘴边，会产生愉快的气氛，这应该成为业务员的口头禅。

（7）交谈时，适当地重复对方的话，既能够确定对方谈话内容加深自己的记忆，也可以表示你是认真地在听对方说话。

（8）如果对方对你的讲话表现出焦急、不耐烦、心不在焉的神态，你应及时巧妙地转换话题或中止自己的讲话。

（9）交谈最后，如果需要强调某个话题，讲话时语言要清晰，明确有力，这样会给对方留下深刻的印象。

9）名片的使用规范

（1）名片不要和钱包、笔记本等放在一起，要保持名片或名片夹的清洁、平整。

（2）递名片的基本次序是下级或访问方先递名片，如是在介绍时，应由先被介绍方递名片。

（3）互换名片时，应用右手拿着自己的名片，用左手接对方的名片后，用双手托住；要看一遍对方职务、姓名等；遇到难认的字，应事先询问；在会议室如遇到多数人相互交换名片时，可按对方座次排列名片。

四、汽车4S店业务接待礼仪

1. 身体语言及应用

1）目光

与客户交流时，应注视对方的眼睛，不要不停地眨眼和移动眼神。

2）微笑

微笑可以给人温馨、亲切的感觉，能有效地缩短双方的距离，给对方留下美好的心理感受，从而形成融洽的交往氛围。

3）交谈时积极的身体语言

与客户坐在一起交流时，应使上身前倾，多次点头，保持微笑。

4）安排座次

相对于客户，你坐在或站在什么位置十分重要。

5）距离

每个人都有属于自己的空间区域，不喜欢别人侵入，在社交活动中应注意保持距离。

2. 与客户沟通的技巧

1）沟通的基本内涵和基本要素

沟通的基本内涵：

（1）沟通是一个完整的行动过程。

（2）沟通是一种信息的分享活动，双方在传递、反馈等一系列过程中获得信息，包括情感的交流。

（3）沟通不是一般意义上的单向的信息传递，而是通过双向的信息互动、情感交流，使双方认识趋于一致、行动趋于协调。

沟通的基本要素：

（1）沟通一定要有一个明确的目标。

（2）要达成共识、达成共同的协议。

（3）沟通信息、思想和情感。

3. 与顾客沟通的重要性

任何一种商业活动中的大多数商业问题及顾客不满的根源都是失败的沟通。

顾客满意指数是建立在顾客的感觉之上的，而这种感觉正是通过沟通被积极或消极地影响着。顾客是企业工作的对象，他们是销售的来源，是盈利的基础，并且是企业能够存在的基础。

4. 接待顾客的法则

（1）问候你的每一位顾客，确认顾客的需求，并做一切你能做到的事情，尽量满足对方。

（2）如果来了新的维修顾客，应向每一位致以问候，并让顾客放心你将按次序接待他们。

（3）电话铃响时如果无法长时间接听或处理，应迅速地接起电话告知对方，待手头的事情处理完后，要及时回拨电话。

（4）如果同事有事，必须长时间打断你与顾客的谈话，应征求顾客意见，得到允许后自行处理。

（5）大多数顾客都能理解一个人无法在同一时间内完成两件事，如果顾客在这时能得到及时的问候、一杯免费的咖啡，就会在心理上获得一些安慰，他们会耐心等待而不对经销商产生一些坏印象。

任务实施

操作　汽车 4S 店服务接待流程

1. 操作步骤

汽车 4S 店服务接待是售后服务最关键的工作流程。做好售后服务，不仅关系到本公司产品的质量、完整性，更关系到客户能否得到真正、完全的满意。而做好接待工作，就是为售后服务做好铺垫。步骤如表 1-1 所示。

表 1-1　汽车 4S 店服务接待流程

步骤	操作方法	图示
1	预约：让预约的客户享受预约的待遇，要与直接入厂维修客户严格区分	
2	接待客户：将车辆停好后，引导员将其带入维修接待区域并根据公司要求将客户介绍给某个接待人员	
3	打印工单：工单就是一个合同，它既保证了客户的利益又保证了公司的利益	
4	实时监控：实时监督工作的进程，不仅保障了客户的车辆完好无损，同时又能使自己保质、保量，且准时完成任务	

步骤	操作方法	图示
5	终检：车辆维修完成后，由接待人员对照查车单内容检查车辆，包括工单的服务项目是否都做完了，车辆的里程数，车辆外观，等等	
6	交车说明：要热情、完整地将客户的车交还	
7	送客户	
8	信息反馈、针对客户回馈的信息，及时改进流程，做到真正的"以人为本，持续改善"	

2. 学生训练结束场地的整理及总结（包含 7S 项目）

7S 项目管理是指作业过程中的整理、整顿、清扫、清洁、素养、安全和节约过程，是保持实训车间环境、提高工作效率、节约资源、实现轻松愉快和可靠工作的关键。

（1）车辆防护、车辆检测等操作工具的清洁与归位。

（2）清洗剂的回收和工作盘的清洁、整理与归位。

（3）实训车辆和实训场地的清扫、清洁。

（4）指导教师总结本次训练课题，布置实训报告（表 1－2）。

表 1－2 实训报告

姓名		班级		实训日期	
实训汽车车型			车辆识别代码		
工作任务题目					
主要实训内容记录如下。					

续表

实训过程中的疑难点记录 （需要教师解决问题）	
实训小结 （心得和体会）	
实训作业	（1）客户沟通的注意事项有哪些？ （2）接待客户的法则是什么？
教师评语	

任务 2 汽车维护与保养的相关制度及保养常识

【学习目标】

知识目标	能力目标	思政要素和职业素养目标
（1）熟悉现行汽车维护制度； （2）了解汽车维护的分类方法； （3）了解汽车维护与保养的注意事项； （4）理解汽车性能状况以及变化规律； （5）掌握汽车维护的六大作业内容	（1）熟记维护的作业规范； （2）能够独立完成汽车维护保养前的准备工作； （3）能够正确进行汽车维护保养作业内容	（1）树立正确的学习观、价值观，自觉践行行业道德规范； （2）遵规守纪，团结协作，爱护设备，钻研技术； （3）发扬一丝不苟、精益求精的工匠精神

【任务引入】

客户报修：

小王在公司开车 7 年，今年刚被公司提拔为车队队长，他想为公司拟定一份车辆维护与保养管理制度，但不清楚国家汽车维护与保养规定的项目。

分析原因：

小王对我国汽车维护与保养制度及主要项目分类等相关知识没有了解，需要进一步学习。

【相关知识】

我国现行的汽车维护制度贯彻"预防为主，强制维护"的原则。

一、汽车维护的概念、目的与意义

1. 概念

汽车维护是指当汽车行驶到规定时间或里程后，根据汽车维护的技术标准，按规定的工艺流程、作业范围、作业项目和技术要求对汽车进行的预防性作业，如清洁、检查、紧固、润滑、调整和补给等。

2. 目的

汽车在使用过程中，由于各部件发生摩擦、振动、冲击以及受环境的影响，汽车各总成、机构及零件逐渐产生不同程度的松动、磨损和机械损伤。因此，随着汽车行驶里程的增

加，其技术状况会逐渐变差，若不采取必要的措施，必然会使汽车的动力性、经济性及可靠性下降；严重时会引发事故，造成预想不到的损坏。

3. 意义

实践证明，对汽车进行可靠的维护作业，是延长其使用寿命、防止机件早期损坏、减少运行故障的最佳措施。汽车维护的意义就是针对上述客观情况，在以预防为主的思想指导下，结合汽车各部总成、机构、零件发生自然松动和磨损的规律，通过合理的维护使汽车的技术状况或工作能力得以维持，使用寿命得以充分延长。

二、汽车维护与保养的作业原则

中华人民共和国交通运输部颁布的《汽车运输业车辆技术管理规定》中明文规定，汽车维护作业贯彻"预防为主、定期检测、强制维护、视情修理"的原则，即汽车维护必须遵照交通运输管理部门规定的行驶里程或时间间隔进行作业，要按期强制执行，不得拖延，并在维护作业中遵循汽车维护分级和作业范围的有关规定，以保证维护质量。

三、汽车维护与保养的作业规范

汽车维护与保养作业主要包括清洁、检查、补给、润滑、紧固、调整等内容。现行的维护与保养制度具有以下特点。

（1）取消整车解体式的三级维护。生产实践证明，对总成大拆大卸的工艺方法是不科学的，也是不符合技术经济原则的。同时，"三级维护"作业内容既有维护的作业又有修理的作业，不便于维护与修理的区分。

（2）没有对各级维护周期作统一规定，由各省、市、自治区按车型，结合本地区具体情况提出统一的维护周期，但必须制定车辆维护技术规范以保证车辆正常维护质量。

（3）季节性维护作业规范：当车辆进入冬、夏两季运行时，一般结合二级维护对车辆进行季节性维护。

四、汽车维护与保养的分类与作业范围

汽车维护分定期维护和非定期维护。定期维护分日常维护、一级维护和二级维护；非定期维护分季节性维护和走合维护。季节性维护可结合定期维护进行。日常维护在行车前、行车中、行车后进行；一级维护周期为 2 000 ~ 3 000 km 或根据具体车型要求进行；二级维护依据各地条件不同在 10 000 ~ 15 000 km 以内选定，或者时间间隔为 60 ~ 90 天。

车辆外观检查

1. 日常维护

日常维护是日常性作业，由驾驶员负责完成。其主要内容是清洁、补给和安全检视。

2. 一级维护

一级维护由专业维修厂负责执行。其主要内容除了日常维护工作，如清洁、润滑、紧

固，还应检查有关制动、操纵等安全部件。

3. 二级维护

二级维护由专业维修厂负责执行。其主要内容除一级维护所包括的工作外，以检查、调整转向节、转向摇臂、制动蹄片、悬架等经过一定时间的使用容易磨损或变形的安全部件为主，并拆检轮胎，进行轮胎换位。

4. 季节性维护

冬、夏季的温差大，为使车辆在冬、夏季得到合理的使用，在换季之前应结合定期维护，并附加一些相应的项目，使汽车适应气候变化的运行条件，此种附加性的维护称为季节性维护。

5. 走合维护

走合维护是指汽车在运行初期，为了改善零件摩擦表面几何形状和表面层物理机械性能进行的维护作业。

五、汽车技术维护作业

保养流程

1. 汽车技术状况的变化规律

汽车技术状况是定量测得某一时刻汽车外观和性能综合参数值的总和。汽车技术状况变化规律是指汽车技术状况与行驶里程或时间的关系。通常以汽车主要部件的磨损情况作为衡量汽车技术状况变化的指标。研究结果表明，零件磨损过程可分为以下三个阶段。

第一阶段是零件的走合期（一般为 1 000 ~ 1 500 km）。其特征是在较短的里程（或时间）内零件的磨损速度较快，当配合零件走合良好后，磨损速度开始减慢。

第二阶段是零件的正常工作期。其特征是零件的磨损速度随汽车行驶里程的增加而减缓。

第三阶段是零件的加速磨损期。其特征是相配零件间隙已达到最大允许使用极限，磨损量急剧增加。由于间隙增大，润滑油膜难以维持，冲击负荷增大，磨损量也增大，即出现故障，如异响、漏气、振抖、温度异常等现象。此时，若继续使用，就会有异常磨损，使零件迅速损坏，只有经过大修，才能恢复汽车的使用性能。

2. 汽车技术维护的作业内容

1）清洁养护作业
清除汽车外部污泥，打扫、清洗和擦拭车厢、驾驶室及各类附件。

2）检查与紧固作业
检查与紧固车辆各总成和零部件的外部连接螺栓，更换配置失落或损坏的螺钉、螺栓、销子和油嘴等零件。

3）检查与调整作业
检查车辆各机构、总成和仪表的技术状况，必要时应按使用要求进行调整。

4）电气作业
对汽车所有电气仪表及设备进行清洁、检验，调整和润滑等作业。更换或配置已损坏的零部件及导线，检验与维护蓄电池。

5）润滑作业

清洗发动机润滑系统和机油滤清器，更换或添加润滑油，更换滤清器滤网；加注底盘润滑油或润滑脂；更换或加添制动液和减振液等。

6）轮胎作业

检查轮胎气压及充气；检查外胎及清除嵌入物；更换内外胎和换位等作业。

7）补给添加作业

检查油箱存油量，添加燃料、水和液体等。

3. 汽车技术维护的工艺

汽车技术维护的工艺是指汽车维护的各种作业按一定方式组合、协调、有序地进行的过程。其目的是通过一定顺序进行维护工作，实现高效、优质、低消耗。

汽车技术维护工艺的划分具有灵活性，可以按作业的内容单一划分，可以将几个内容结合进行，也可以按汽车组成部分划分。

根据生产实践，汽车各级维护工艺顺序大致如下。

（1）进行外表清洁作业。

（2）进行检查紧固作业，与此同时或在其后进行试验调整作业、电气作业、轮胎作业和添加作业等。

（3）进行润滑作业和外表整修作业。

4. 汽车技术维护工艺的组织

汽车技术维护工艺的组织通常指在车间、工段或工位上的工艺组织。一般维护的工艺组织形式分为以下两种。

1）综合作业法

综合作业是把人数不多的工人组织成立一个维护小组，承担一辆汽车的某一级维护作业。所有应进行的维护作业项目及维护过程中发现的小修作业，都由该维护小组完成。

2）专业分工法

专业分工法是指在维护小组内配备专业工人，每个专业工人都按固定的分工项目进行作业，这种组织方式既适用于定位作业法，也适用于流水作业法。

5. 汽车使用性能

1）动力性能

表现动力性能的具体指标为：汽车的最高行驶速度、加速时间、加速距离、最大爬坡度、制动效能、牵引能力等。根据试验资料，在汽车行驶到接近大修里程时，发动机功率下降20%以上，最大行驶速度比新车额定车速下降10%～15%，而加速时间将增加25%～30%。

2）经济性能

表现经济性能的具体指标为：燃油及润滑油料的消耗量、维修费用、运输成本等，当汽车行驶一定里程后，耗油量超过额定量的15%，润滑油料消耗达 1 L/100 km 以上，排烟增多或有异味，说明该车的经济性显著下降。

3）安全特性

汽车安全特性下降主要表现在：汽车制动距离增长，跑偏量增大；制动机构反应迟缓，甚至经常出现失灵；转向操纵沉重，摆振不断增加；行驶过程中噪声、振抖、异响不断增多；排气中的有害气体或烟度不断增加等。

4）可靠特性

汽车可靠特性是指汽车在特定条件下和规定时间内，完成规定功能的能力。

汽车可靠性下降主要表现在汽车行驶过程中，随着使用时间或行驶里程的增加，因技术故障停歇的时间增多，而故障率明显上升。

任务实施

操作　汽车维护与保养前的准备

1. 操作步骤

汽车维护与保养前的准备如表1－3所示。

表1－3　汽车维护与保养前的准备

步骤	操作方法	图示
1	车辆准备： （1）将车辆移动到举升机工位； （2）准备工具，审核工单	
2	车辆外观检查： （1）漆面检查； （2）高低音喇叭检查； （3）近光灯、远光灯、转向灯、雾灯、双闪灯光检查； （4）检查刮水器、天窗； （5）检查车门、尾门铰链、随车工具	
3	车辆引擎室检查： （1）蓄电池检查； （2）拉开机盖； （3）铺设翼子板垫； （4）拆卸并检查机舱防护板、密封条； （5）引擎室油液检查（冷却液、转向助力液、制动液、玻璃水等）； （6）检查舱线束、管路、发动机机脚胶； （7）检查散热器、冷凝器； （8）拧开机油口盖，拔开机油尺	

步骤	操作方法	图示
4	其他检查： （1）内饰检查； （2）底盘检查； （3）汽车线路检查； （4）汽车轮胎检查	

2. 学生训练结束场地的整理及总结（包含7S项目）

7S项目管理是指作业过程中的整理、整顿、清扫、清洁、素养、安全和节约过程，是保持实训车间环境、提高工作效率、节约资源、实现轻松愉快和可靠工作的关键。

（1）车辆防护、车辆检测等操作工具的清洁与归位。

（2）清洗剂的回收和工作盘的清洁、整理与归位。

（3）实训车辆和实训场地的清扫、清洁。

（4）指导教师总结本次训练课题，布置实训报告（表1-4）。

表1-4 实训报告

姓名		班级		实训日期	
实训车型			车辆识别代码		
工作任务题目					
主要实训内容记录如下。					
实训过程中疑难点记录 （需要教师解决问题）					

实训小结（心得和体会）	
实训作业	（1）车辆引擎室检查需注意的事项有哪些？ （2）其他检查有哪些项目？

任务 3　安全与防护（7S + 高压）

【学习目标】

知识目标	能力目标	思政要素和职业素养目标
（1）了解高压安全知识； （2）具备触电防护与救护能力； （3）能够正确使用高压安全防护用品； （4）掌握实习场地必要的安全检查项目	（1）会进行防护用具的检测； （2）会进行触电急救操作； （3）能够按照实训车间的7S管理进行实训操作	（1）树立正确的学习观、价值观，自觉践行行业道德规范； （2）遵规守纪，团结协作，爱护设备，钻研技术； （3）发扬一丝不苟、精益求精的工匠精神

【任务引入】

电动车常见安全
事故的急救方法

客户报修：

一辆新能源汽车行驶在路上，突然车主报漏电故障。

分析原因：

主机厂查询故障原因，排除相关电路损坏引起的漏电故障，怀疑是汽车线路连接问题，但为了安全起见还是提醒客户靠边停车，派请有低压电工安全操作证书的人员前往救援。

【相关知识】

一、维修车间内的安全隐患

（1）可燃物体有：汽油、油漆、清洗剂、机油、润滑油、油抹布、雪种、天那水，以及蓄电池充电时产生的氢气。

（2）腐蚀性的液体有：电解液（H_2SO_4）、油漆、天那水、雪种、废机油、机油、碱性清洗液（热的洗衣粉清洗液）。

（3）其他安全隐患如下。

①汽车尾气中的一氧化碳、碳氢化合物、氮氧化合物等对身体有害。

②发电机、空气压缩机、砂轮机产生的噪声对听觉、非听觉系统均会造成影响。

③压缩空气透过皮肤进入血液有可能会引起栓塞。

④离合器、制动器磨损产生的粉尘会引起肺癌。

⑤空气滤清器产生的粉尘会引发肺病。

⑥机油、润滑油、水、清洗液等使地面变滑，易使人摔倒。

⑦电焊产生的紫外线以及热量会伤害人的眼睛及皮肤。

（4）长头发，宽松的衣服可能会被卷入发动机中。

（5）照明、用电设备、导线破损产生触电事故。

二、安全规程

1. 人身保护

（1）必要时应戴好防护眼镜和面罩。

（2）强噪声的环境下应戴耳塞或耳罩。

（3）工作鞋：带钢质的脚趾盖（能抵挡落下的重物及飞溅的火星），鞋底能够抵挡尖锐物的刺扎。

（4）不要戴手表、珠宝、戒指，不可扎带铁的皮带（可能使某个电源接头搭铁引发烧伤）。

（5）工作服：不要穿宽松的衣服，长头发要盘起来。

（6）在多尘的环境中应戴呼吸器，如在进行四轮保养时，可以拿一块湿布盖在轮毂上，再用气枪吹就不会起灰尘。

2. 安全用电

（1）若电气设备和导线有破损应及时更换或包扎。

（2）各种电气设备要接地线，防止触电，电源插座应使用三线接头，双线插座容易接触不良导致火花。

（3）不要在无人看管的情况下使用电气设备。

3. 安全使用汽油

汽油是高度爆炸性物品，1US gal（3.785 41 L）的汽油相当于14束炸药的威力。

（1）使用符合规定的汽油桶，不能用塑料桶（塑料与其他物体摩擦产生静电，易引起火花）。

（2）不要将汽油桶装满，液面与桶口的距离为3～4 cm，预防热胀时油液溢出桶外。

（3）未装满的汽油桶，不宜长期放置（桶内聚积较多的蒸气将构成潜在的危险）。

（4）汽油桶运输时不能倒置。

（5）汽油桶未使用时应盖紧。

（6）不能使用汽油清洗物品。

（7）汽油桶应存放在通风良好的地方，不要放在车尾的行李厢内。

4. 房间安全管理措施

（1）保持车间地面整洁。

（2）把油漆和其他易燃物品存放在钢柜内。

（3）油抹布存入有盖的桶里（桶要盖紧），以防自燃。

三、高压操作中的个人防护

1. 触电危害

电能是一种非常方便的能源，它的广泛应用带来了人类近代史上的第二次技术革命，有力地推动了人类社会的发展，给人类创造了巨大的财富，改善了人类的生活条件。但是如果在生产和生活中不注意安全用电，很可能就会带来灾害。因此，只有在采取必要的安全措施的情况下才能使用和维修电气设备。

在大力推广电动汽车的同时，如何保证驾驶人员、乘车人员以及汽车维护与保养人员的人身安全，更是值得我们特别关注的话题。GB 18384—2020《电动汽车安全要求》中将电动汽车的工作电压分为A、B两个等级（表1-5），对于A级电压，不需要进行触电防护。对于任何B级电压电路中的带电部件，都应该为电路的接触人员提供安全防护。

表1-5 电动汽车电压等级划分

序号	工作电压等级	直流/V	电流（15~150 Hz）/V
1	A级	$0 < U \leqslant 60$	$0 < U \leqslant 25$
2	B级	$60 < U \leqslant 1\,000$	$25 < U \leqslant 660$

根据欧姆定律（$I = U/R$）可以得知，流经人体电流的大小与外加电压和人体电阻有关。人体电阻除人的自身电阻外，还应附加人体以外的衣服、鞋、裤等的电阻。虽然人体电阻一般可达5 000 Ω，但是影响人体电阻的因素有很多，如皮肤潮湿出汗、带有导电性粉尘、加大与带电体的接触面积和压力，以及衣服、鞋、袜的潮湿和油污等情况，均能使人体电阻降低，所以通常流经人体电流的大小是无法事先计算出来的。

当人体电阻一定时，人体接触的电压越高，通过人体的电流就越大，对人体的伤害也就越严重。但并不是人一接触电源就会对人体带来伤害，在日常生活中我们用手触摸普通干电池的两极，人体并没有任何感觉，这是因为普通干电池的电压较低（直流1.5 V）。作用于人体的电压低于一定数值时，在短时间内电压对人体不会造成严重的伤害事故，我们称这种电压为安全电压。

触电对人体的危害程度，主要取决于通过人体电流的大小和通电时间的长短。触电类型如图1-1所示。电流强度越大，致命危险越大；持续时间越长，死亡的可能性越大。行业规定安全电压为不高于36 V，持续接触安全电压为24 V，安全电流为10 mA。能够引起人感觉的最小电流值称为感知电流，交流为1 mA，直流为5 mA；人体触电后能自己摆脱的最大电流称为摆脱电流，交流为10 mA，直流为50 mA；在较短的时间内危及生命的电流称为致命电流，致命电流为50 mA。在有防止触电保护装置的情况下，人体允许通过的电流一般为30 mA。电动汽车的动力电池用低电压电池进行串联，以获得200~500 V以上的高电压，然后再转换成三相交流电。有些车型的高压系统电压甚至达到600 V以上，因此在维修电动汽车的过程中必须做好高压操作中的个人防护。

火线 —— 火线
零线

单线触电　　双线触电　　　　　　　　跨步电压触电

图 1 – 1　触电类型

2. 触电急救

当发现人身触电事故时，发现者一定不要惊慌失措，要动作迅速，救护得当。首先要迅速将触电者脱离电源，其次立即就地进行现场救护，同时找医生救护，如图 1 – 2 所示。

图 1 – 2　触电急救

1）脱离电源

电流对人体作用的时间越长，对生命的威胁越大。所以，触电急救时首先要使触电者迅速脱离电源。救护人员既要救人也要注意保护自己，可根据具体情况选用拉、切、挑、拽和垫等方法。

（1）"拉"是指就近拉开电源开关，拔出插销或断路器。

（2）"切"是指用带有绝缘柄或干燥木柄的工具切断电源。切断时应注意防止带电导线掉落碰触到周围的人。对于多芯绞合导线应分相切断，以防短路伤害人。

（3）"挑"是指如果导线搭落在触电人身上或压在身下，这时可用干燥的木棍或竹竿等绝缘工具挑开导线，使之脱离电源。

（4）"拽"是救护人戴上绝缘手套或在手上包裹干燥的衣服、围巾、帽子等绝缘物体拖拽触电人，使其脱离电源导线。

（5）"垫"是指如果触电人由于痉挛手指紧握导线或导线缠绕在身上，这时救护人可先用干燥的木板或橡胶绝缘垫塞进触电人身下使其与大地绝缘，隔断电源的通路，然后再采取其他办法把电源线路切断。

2）注意事项

（1）救护人不得采用金属或其他潮湿的物品作为救护工具。

（2）在未采取绝缘措施前，救护人不得直接接触触电者的皮肤、潮湿的衣服以及鞋子。

（3）在拉拽触电人脱离电源线路的过程中，救护人适合用单手操作，这样对救护人比较安全。

（4）当触电人处于较高的位置时，应采取预防摔伤措施，预防触电人在脱离电源时从高处坠落摔伤或摔死。

（5）当夜间发生触电事故时，在切断电源时会同时照明断电，故应考虑切断电源后的临时照明，如应急灯等，以利于开展救护工作。

3. 对症抢救

将触电者脱离电源后应立即移到通风处，并将其仰卧，迅速鉴定触电者是否有心跳、呼吸等体征。

（1）若触电者神志清醒，但感到全身无力、四肢发麻、心悸、出冷汗、恶心或一度昏迷，但未失去知觉，应将触电者抬到空气新鲜、通风良好的地方躺下舒适地休息，让其慢慢地恢复正常。要时刻注意保温和观察，若发现呼吸与心跳不规则，应立刻设法抢救。

（2）触电者呼吸停止但有心跳，应采用口对口人工呼吸法抢救。

（3）若触电者心跳停止但有呼吸，应用胸外心脏按压和口对口人工呼吸法抢救。

（4）若触电者呼吸、心跳均已停止，需同时采用胸外心脏按压法与口对口人工呼吸法进行抢救。

（5）千万不要给触电者打强心针或拼命摇动触电者，也不要用木板石来压，更不能强行挟走触电者，以免触电者的情况更加恶化。

抢救过程要不停地进行，在送往医院的途中也不能停止抢救。当抢救者出现面色好转、嘴唇逐渐红润、瞳孔缩小、心跳和呼吸逐渐恢复正常时，即表明抢救有效。

4. 触电预防

1）不要带电操作

操作人员应尽量不进行带电作业，特别是在一些比较危险的场所，应禁止进行带电作业。若必须进行带电操作，应采取必要的安全措施，如有专人在现场监护及采取相应的安全绝缘措施等。

2）完善安全措施

电气设备的金属外壳可采用保护接零或保护接地等安全措施，但绝不允许在同一电力系统中一部分设备采取保护接零，另一部分设备采取保护接地。

3）建立安全制度

安全检查是发现设备缺陷，及时消除事故隐患的重要措施。安全检查一般每季度进行一次，特别要加强雨季前和雨季中的安全检查。各种电器，尤其是移动式电器应建立经常与定期检查制度，若发现安全隐患应及时处理。

4）加强安全教育

加强电气安全教育和培训是提高电气工作人员的业务素质，加强安全意识的重要途径。电气设备的操作者还要加深用电安全规程的学习，从事电工工作的人员除了要熟悉电气安全操作规程外，还要掌握电气设备的安装、使用、管理、维护及检修工作的安全要求，具有电气火灾的灭火常识和触电急救的基本操作技能。

5）作业警示

操作电工在全部停电或部分停电的电气设备上工作前，必须做到停电、验电、装设接地线、悬挂安全警示牌和装设防护栏等方面的工作，然后再进行实际作业。

5. 防护用品

1）绝缘鞋

绝缘鞋是辅助安全用品，有多种型号，通常适用于交流 50 Hz、1 000 V 以下或直流 1 500 V 以下的电力设备检修工作。电绝缘鞋新标准 GB 12011—2000《电绝缘鞋通用技术条件》中对产品使用者也提出了新要求：在使用时应避免锐器刺伤鞋底，鞋面保持干燥，避免接触高温和腐蚀性物质。产品在穿用 6 个月后应做一次预防性试验，对于因锐器刺穿的不合格品不得再当做绝缘鞋使用。

2）绝缘帽

绝缘帽是指具备电绝缘性能要求的安全帽，在帽子上会有"D"的字母标记。按照新国标进行电绝缘性能试验，用交流 1 200 V 耐压试验 1 min，泄漏电流不应超过 1.2 mA。

3）护目镜

护目镜也叫安全防护眼镜，其种类很多，有防尘眼镜、防冲击眼镜、防化学眼镜和防光辐射眼镜等多种。护目镜是一种能起到特殊防护作用的眼镜，应根据使用场合的不同选择合适的眼镜。

4）绝缘地毯

绝缘地毯又叫绝缘垫、绝缘垫胶板，是用绝缘性能优良的橡胶制造而成的，适用于各种电工作业场所。

5）绝缘工具

绝缘工具通常分为基本绝缘安全工具和辅助绝缘安全工具。基本绝缘安全工具是指能直接操作带电设备或可能接触带电物体的维修工具。辅助绝缘安全工具是指绝缘强度不能承受设备或线路的工作电压，只能用于加强基本绝缘安全的保护作用，以防接触电压、跨步电压、泄漏电流式电弧对操作人员的伤害。不能用辅助绝缘安全工具直接接触高压设备的带电部分。辅助绝缘的安全工具有绝缘手套、绝缘鞋、绝缘胶垫等。

6）安全警示带

安全警示带也叫做安全隔离带，主要有塑料和涤纶布两种材质。安全警示带常用于施工地段、危险地段、交通事故以及突发事件的隔离。在检修新能源汽车时可用于圈定操作场地，起到提醒他人注意安全防范的作用。

7）高压电警示牌

在高压电气系统的检修作业场所放置高压电警示牌是保证工作人员安全的主要措施之一，以此起到安全警示作用，避免或减少安全事故的发生。根据作业内容的不同，通常在警示牌上书写"严禁触摸 高压危险""严禁合闸 正在检修""严禁操作 正在检修"等字样。

6. 个人防护

（1）禁止携带钥匙、手表、首饰等导电的金属物品。

（2）穿好绝缘鞋，戴好绝缘手套、护目镜等防护用品，当在车底下拆装动力电池或进行绝缘检测时还需要佩戴绝缘帽。

（3）拆装车辆高压部件时，必须使用电动汽车维修的专用绝缘工具，这样才能确保检修过程中的人身安全和设备安全。

（4）电动汽车上导线颜色表示特定的含义，鲜艳的橙色电缆用来警示有高压电危险，在检修此类线路部件时必须进行高压防护。

（5）在对新能源汽车进行维修或给动力电池充电时，需要放置警示标志，并把车钥匙从点火开关上取下来保管好。

7. 火灾应对

电动汽车在发生交通事故、维修或使用不当造成短路时很容易引发火灾。电动汽车燃烧时的大火比内燃机汽车更猛烈，火情更难控制，主要是因为其内部有大容量的蓄电池。电动汽车蓄电池种类很多，使用比较普遍的蓄电池主要有铅酸电池、镍氢电池、锂离子电池（锂电池）。镍氢电池的活性物质是氧化镍、氢氧化钾、氧化钴等，这种蓄电池如果发生起火和爆炸，电池在燃烧时热量高，并会产生威胁人类生命的有毒气体，因此灭火人员必须戴上呼吸面罩。

电动汽车燃烧时一般采用泡沫灭火器或干粉灭火器来灭火，但是这些灭火器都灭不了锂电池的火情，在燃烧现场，在确保人员安全的前提下首先应该把蓄电池与其他物品分开，让电池自行燃烧完毕。

在各大新能源汽车生产厂商所出具的紧急响应指南里，都提到了用水来灭火。不仅提到了用水灭火，而且是大量且持续的水。用水灭火主要是出于以下两个目的。

（1）降温。美国消防协会（National Fire Protection Association，NFPA）做过相关测试，用热电偶去探测电池燃烧时外面的最高温度能达到 1 090 ℃。同时用水长时间压制火苗，能防止热量进一步扩散，降低复燃的风险。

（2）稀释产生的有毒气体。新能源汽车使用的锂电池在燃烧过程中会产生有毒气体，如 HF（氢氟酸）、CO（一氧化碳）、HCN（氰化氢）等。

四、7S 项目管理

7S 项目管理是指作业过程中的整理、整顿、清扫、清洁、素养、安全和节约的过程，是保持实训车间环境、提高工作效率、节约资源、实现轻松愉快和可靠工作的关键。7S 安全管理保障了员工的人身安全，保证了生产的连续进行，同时减少了因安全事故而造成的经济损失。

任务实施

操作　新能源汽车维护场地及防护工具准备

1. 操作步骤

新能源汽车维护场地及防护工具准备如表 1 - 6 所示。

表 1 – 6   新能源汽车维护场地及防护工具准备

步骤	操作方法	图示
1	高压维修工位准备与检查项目如下。 （1）隔离带； （2）警示牌； （3）灭火器； （4）绝缘垫； （5）绝缘勾	
2	高压防护用具的准备与检查项目如下。 　　人身防护：绝缘手套、绝缘鞋、护目镜、安全帽的绝缘等级和绝缘防护检查	    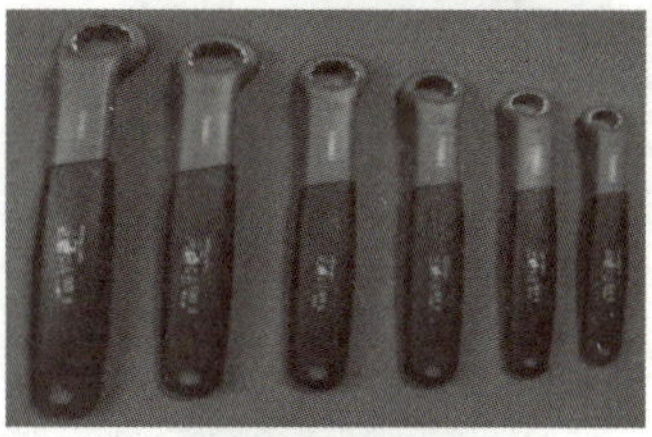 

项目一　汽车维护与保养作业前的准备

025

2. 学生训练结束场地的整理及总结（包含7S项目）

7S项目管理是指作业过程中的整理、整顿、清扫、清洁、素养、安全和节约过程，是保持实训车间环境、提高工作效率、节约资源、实现轻松愉快和可靠工作的关键。

（1）车辆防护、车辆检测等操作工具的清洁与归位。

（2）清洗剂的回收和工作盘的清洁、整理与归位。

（3）实训车辆和实训场地的清扫、清洁。

（4）指导教师总结本次训练课题，布置实训报告（表1-7）。

表1-7　实训报告

姓名		班级		实训日期	
实训汽车车型			车辆识别代码		
工作任务题目					
主要实训内容记录如下。					
实训过程中疑难点记录 （需要教师解决问题）					
实训小结（心得和体会）					
实训作业	（1）布置新能源汽车维护与保养场地有哪些注意事项？ （2）触电急救的方法有哪些？				

任务 4　汽车维护工具、量具的使用

【学习目标】

知识目标	能力目标	思政要素和职业素养目标
（1）掌握常用扳手类工具的使用方法； （2）掌握常用量具的使用方法	（1）会识别并熟练使用扳手类工具； （2）会正确使用千分尺和百分表； （3）能够正确操作胎压表	（1）树立正确的学习观、价值观，自觉践行行业道德规范； （2）遵规守纪，团结协作，爱护设备，钻研技术； （3）发扬一丝不苟、精益求精的工匠精神

【任务引入】

客户报修：

一台长安 CS35 型汽车在通过涉水路面时，发动机熄火，车主多次试图起动都不能成功着车。

分析原因：

经维修人员诊断分析需要拆卸该车的发动机，进行清理检查。拆卸发动机使用的工具有：扳手、套筒及其他专用工具。

【相关知识】

一、汽车维护与保养的常用工具

1. 常用扳手类工具

扳手类工具如开口扳手、梅花扳手、套筒扳手和活扳手等，是汽车维护与保养实训中最常用的工具。

1）开口扳手（呆扳手）

开口扳手如图 1 - 3 所示。

（1）双头开口扳手（以 mm 为单位）的规格如下。

4×5、5.5×7、8×10、9×11、12×14、13×15、14×17、17×19、19×22、22×24、30×32、32×36、41×46。

单头开口扳手规格有 50×55 和 65×75 两种。

（2）扳手的安全使用规则如下。

①扳手应与螺栓或螺母的平面保持水平，以免用力时扳手滑出伤人。

图 1 - 3　开口扳手

②不能在扳手尾端加接套管延长力臂，以防损坏扳手。

③不能用钢锤敲击扳手，扳手在冲击载荷下极易变形或损坏。

④不能将公制扳手与英制扳手混用，以免因为打滑而伤及使用者。

2）梅花扳手

梅花扳手如图1-4所示。

3）套筒扳手

套筒扳手如图1-5所示。

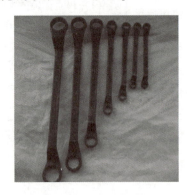 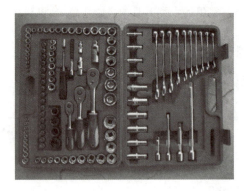

图1-4　梅花扳手　　　　　　　　　图1-5　套筒扳手

　　套筒扳手的主要应用：特别适用于拧转位置十分狭小或凹陷很深的螺栓或螺母。套筒有公制和英制之分。套筒虽然内凹形状一样，但外径、长短等是针对设备的形状和尺寸设计的。因为国家没有统一规定，所以套筒的设计相对来说比较灵活，符合大众的需要。套筒扳手一般附有一套各种规格的套筒头以及摆手柄、接杆、万向接头、旋具接头、弯头手柄等用来套入六角螺帽。套筒扳手的套筒头是一个凹六角形的圆筒；扳手通常由碳素结构钢或合金结构钢制成，扳手头部具有规定的硬度，中间及手柄部分具有弹性。

4）活动扳手

活动扳手如图1-6所示。

活动扳手的使用方法如图1-7所示。

（1）不可以用大尺寸的扳手去旋紧尺寸较小的螺钉，这样会因扭矩过大而将螺钉扳断。

图1-6　活动扳手

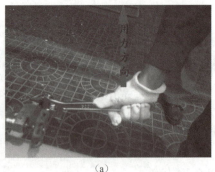 

（a）　　　　　　　　　　　　　　　　（b）

图1-7　活动扳手的使用方法

（a）活动扳手正确操作；（b）开口过大

(c)　　　　　　　　　　　　　　　　　(d)

图 1-7　活动扳手的使用方法 （续）

（c）不能套加力管使用；（d）开口过小

（2）应按螺钉六方头或螺母六方的对边尺寸调整开口，间隙不要过大，否则会损坏螺钉头或螺母，并且容易滑脱，造成伤害事故。

（3）应让固定钳口受主要作用力，要将扳手柄向作业者方向拉紧，不要向前推。

（4）扳手手柄不可以任意接长。

（5）不应将扳手当锤击工具使用。

5）内六角扳手

内六角扳手如图 1-8 所示，其和其他常见工具（如一字螺丝刀和十字螺丝刀）之间最重要的差别是，它通过扭矩施加对螺丝的作用力，大大降低了使用者的用力强度。内六角扳手能够流传至今，并成为工业制造业中不可或缺的工具，关键在于它本身所具有的独特之处和诸多优点。

图 1-8　内六角扳手

（1）简单且轻巧。

（2）内六角螺丝与扳手之间有 6 个接触面，受力充分且不容易损坏。

（3）可以用来拧深孔中的螺丝。

（4）扳手的直径和长度决定它的扭转力。

（5）可以用来拧非常小的螺丝。

（6）容易制造，成本低廉。

（7）扳手的两端都可以使用。

规格：1.5、2、2.5、3、4、5、6、8、10、12、14、17、19、22、27。

2. 特殊扳手类工具

1）扭力扳手

扭力扳手是一种可以读出所施加力矩大小的扳手，由扭力杆和套筒头组成。凡是对螺母、螺栓有明确规定力矩的（如气缸盖、曲轴与连杆的螺栓、螺母等），都要使用扭力扳手。扭力扳手实物如图 1-9 所示，其使用方法如下。

（1）根据工件所需的扭矩值，确定预设的值。

（2）在预设扭矩值时，将扳手手柄上的锁定环下拉，同时转动手柄，调节标尺主刻度

项目一　汽车维护与保养作业前的准备

线和微分刻度线数值至所需扭矩值。调节好后，松开锁定环，手柄自动锁定。

（3）在扳手上方的榫上装上相应规格的套筒，并套住紧固件，再在手柄上缓慢用力。施加外力时必须按箭头标明的方向进行。当拧紧到发出"咔嗒"（click）的一声（已达到预设扭矩值）时，应停止加力。一次作业完毕。

（4）当使用大规格扭力扳手时，可外加接长套杆以便操作省力。

（5）如长期不使用，应调节标尺刻线至扭矩最小数值处。

图 1 – 9　扭力扳手

2）机油滤清器扳手

机油滤清器扳手如表 1 – 8 所示。

常见的一次性机油滤清器直径都在 8 cm 以上，顶部被冲压成多棱面（就像一个大螺母），拆装时需要使用专用机油滤清器扳手。

表 1 – 8　机油滤清器扳手

名称	使用说明	图片	设计特点
杯式滤清器扳手	这种滤清器扳手类似一个大型套筒，拆卸不同车型的滤清器需要不同尺寸的扳手，购买的多为组套形式。使用时应将杯式滤清器扳手套在机油滤清器顶部的多棱面上。使用方法同套筒扳手		每个扳手只能单一地对应一种尺寸的机油滤清器，需配合使用，其制造成本高，携带不方便，使用起来麻烦
三爪式滤清器扳手	需配套套筒手柄或扳手使用，其内部设计有行星排传递机构，可根据机油滤清器大小自动调节三个爪的大小		仍需与套筒配合使用，但一个三爪式的扳手可对应多种尺寸的机油滤清器，较上种有改进；但是内部结构复杂，若被损坏则维修麻烦
环形滤清器扳手	结构为一个可调大小的环形，环形内侧设计为锯齿状。使用时应将其套在滤清器顶部的棱面上，扳动手柄扳手的环形会根据滤清器大小合适地卡在棱面上，顺利完成拆装工作		简单、方便，能对应多种尺寸的机油滤清器。无须与其他件配合使用，可提高工作效率

続表

名称	使用说明	图片	设计特点
钳式滤清器扳手	这种滤清器扳手是钳子的改型产品，使用方法类似鲤鱼钳		操作简单，携带方便，但能对应的机油滤清器尺寸较少，是一种简易装置
创新总结：工具的创新设计一般会从使用方便、操作简单、制造成本等多角度考虑，任何一种可提高工作效率、降低制造成本的创新设计都是有意义的，也是可操作的			

3. 手锤的使用方法

常用挥锤的方法有手腕挥、小臂挥和大臂挥三种，如图 1－10 所示。手腕挥锤只有手腕动，锤击力小，但准、快、省力。大臂挥是大臂和小臂一起运动，锤击力最大。在使用手锤时要注意检查锤头和锤把是否楔塞牢固，握锤应握住锤把后部。

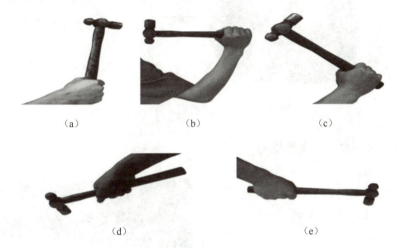

（a）　　　　　（b）　　　　　（c）

（d）　　　　　（e）

图 1－10　手锤的正确使用方法

（a）手腕挥锤；（b）手臂挥锤；（c）肘部挥锤；（d）错误挥锤；（e）正确挥锤

二、汽车维护与保养的常用量具

1. 千分尺

千分尺的操作与使用

千分尺精度为 0.01 mm，规格有 0～25 mm、25～50 mm，及 50～75 mm 等，每间隔 25 mm 为一段测量范围。千分尺实物如图 1－11 所示。

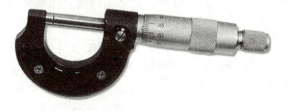

图 1－11　千分尺

千分尺的使用方法如下。

（1）检查千分尺的系统误差。

（2）松开活动套筒锁紧装置，用手转动微调机构，检查螺杆和螺纹转动是否灵活。

（3）锁紧活动套筒，检查棘轮机构的性能。

2. 机械外径千分尺简介

千分尺是比游标卡尺更精密的长度测量仪器，常见的机械千分尺的组成如图 1 - 12 所示。它的量程为 0 ~ 25 mm，分度值是 0.01 mm，由固定的尺架、测砧、测微螺杆、固定套管、微分筒、测力装置、锁紧装置等组成。

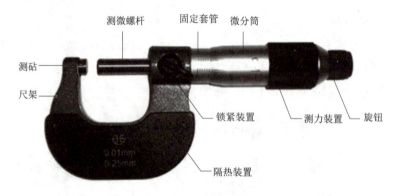

图 1 - 12　常见的机械千分尺组成

3. 外径千分尺刻度及分度值说明

外径千分尺刻度如图 1 - 13 所示。

（1）固定套管上的水平线上、下各有一列间距为 1 mm 的刻度线，上侧刻度线在下侧两相邻刻度线中间。

（2）微分筒上的刻度线是将圆周分为 50 等份的水平线，它是做旋转运动的。

（3）根据螺旋运动原理，当微分筒旋转一周时，测微螺杆前进或后退一个螺距——

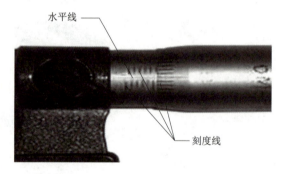

图 1 - 13　外径千分尺刻度

0.5 mm。即，当微分筒旋转一个分度后，它转过 1/50 周，这时螺杆沿轴线移动 1/50 × 0.5 mm = 0.01 mm，因此，使用千分尺可以准确读出 0.01 mm 的数值。

4. 外径千分尺的测量方法

步骤一：将被测物擦干净。注意使用千分尺时应轻拿轻放。

步骤二：松开千分尺锁紧装置，校准零位，转动旋钮，使测砧与测微螺杆之间的距离略大于被测物体。

步骤三：一只手拿千分尺的尺架，将待测物置于测砧与测微螺杆的端面之间，另一只手转动旋钮，当螺杆要接近物体时，改旋测力装置直至听到"喀喀"声后再轻轻转动 0.5 ~ 1 圈。

步骤四：旋紧锁紧装置（防止移动千分尺时螺杆转动），即可读数。

5. 外径千分尺的读数

外径千分尺的读数如图 1 – 14 所示。

（1）以微分筒的端面为准线，读出固定套管下刻度线的分度值。

（2）以固定套管上的水平横线作为读数准线，读出可动刻度上的分度值，读数时应估读到最小刻度的 1/10，即 0.001 mm。

（3）如微分筒的端面与固定刻度的下刻度线之间无上刻度线，测量结果即下刻度线的数值加可动刻度的值。

（4）如微分筒端面与下刻度线之间有一条上刻度线，测量结果应为下刻度线的数值加上 0.5 mm，再加上可动刻度的值。

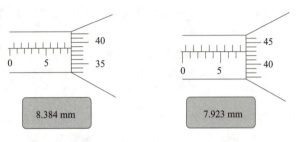

图 1 – 14　外径千分尺的读数

6. 外径千分尺零误差的判定

当测微螺杆与被测物体接触后，校准好的千分尺的可动刻度上的零线与固定刻度上的水平横线应该是对齐的，如图 1 – 15（a）所示；如果没有对齐，测量时就会产生系统误差——零误差。如无法消除零误差，则应考虑它们对读数的影响。

（1）若可动刻度的零线在水平横线上方，且第 x 条刻度线与横线对齐，则说明测量时的读数要比真实值小 $x/100$ mm，这种误差叫做负零误差，如图 1 – 15（b）所示。

（2）若可动刻度的零线在水平横线下方，且第 y 条刻度与横线对齐，则说明测量时的读数要比真实值大 $y/100$ mm，这种误差叫做正零误差，如图 1 – 15（c）所示。

对于存在零误差的千分尺，测量结果应等于读数减去零误差，即物体直径 = 固定刻度读数 + 可动刻度读数 – 零误差。

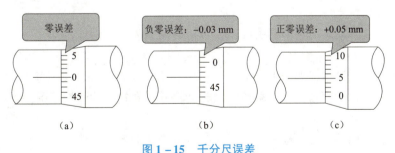

图 1 – 15　千分尺误差

7. 外径千分尺的保养及保管

（1）轻拿轻放。

（2）将测砧、微分筒擦拭干净，避免切屑粉末、灰尘的影响。

（3）将测砧分开，拧紧固定螺丝，以免长时间接触而生锈。

（4）不得放在潮湿、温度变化大的地方。

（5）禁止用千分尺测量正在运转或高温物件。

（6）严禁将千分尺当卡钳用或当锤子用敲击他物。

8. 使用千分尺测量零件尺寸时的注意事项

（1）调整零位：0~25 mm 的直接用后面的棘轮转动对零，25 mm 以上的，用调节棒调节零位。

（2）测量外径时，在最后时应该活动一下千分尺，不要偏斜。

（3）在对零位和测量时，都要使用棘轮，这样才能保持千分尺使用时的拧紧力（0.5 kg）。

（4）测量前应把千分尺擦干净，还应检查千分尺的测杆是否有磨损，测杆紧密贴合时，应无明显的间隙。

（5）测量时，零件必须在千分尺的测量面中心测量。

（6）测量时，用力要均匀，应轻轻旋转棘轮，以响三声为旋转限度，零件刚好保持要掉不掉的状态。

（7）用千分尺测量零件时，最好在零件上进行读数，放松后取出千分尺，这样可以减少对砧面的磨损；如果必须取下读数时，应先用制动器锁紧测微螺杆，再轻轻滑出零件。把千分尺当卡规使用是错误的，因这样做会使测量面过早磨损，甚至会使测微螺杆或尺架发生变形而失去精度。

（8）为获得正确的测量结果，可在同一位置处再测量一次，尤其是测量圆柱形工件时，应先在同一圆周的不同方向上测量几次，检查工件有没有圆度误差，再在全长的各个部位测量几次，检查工件有没有圆柱度误差等。

（9）测量零件时，零件上不能有异物，并且应在常温下测量。

（10）使用时，必须轻拿轻放，不要将其掉到地上。

9. 磁力表座和百分表

百分表操作使用

1）磁力表座

磁力表座也称万向表座，如图1-16所示，是机器制造业用途最多的工具之一，广泛适用于各类机床，也是必不可少的检测工具之一。磁力表座具有强磁性，可粘连在钢铁材料表面，为测量工具提供支撑。

使用时注意：转动磁力调节开关旋钮，可检查磁力表座的性能。

2）百分表

百分表的结构较简单，如图1-17所示，传动机构是齿轮系统，外廓尺寸小，质量轻，传动机构惰性小，传动比较大，可采用圆周刻度，并且有较大的测量范围，不仅能做比较测量，也能做绝对测量。

使用时注意：用手上下推动表针，可检验百分表转动是否灵活。

10. 轮胎气压表

轮胎气压表用来检验和调整轮胎气压，如图1-18所示。将轮胎气压表测量端槽口与轮胎气门嘴对正压紧。这时轮胎气压表指针发生偏转，其指示值即该轮胎的充气压力，或者轮胎气压表的标杆在气压作用下被推出，这时标杆上所显示的数值即该轮胎的充气压力。

图 1 -16　磁力表座

图 1 -17　百分表

图 1 -18　轮胎气压表

　　注意：使用轮胎气压表之前，一定要将轮胎气压表接到高压气体管路上，校验轮胎气压表的误差。轮胎的标准气压在驾驶员一侧的门上或门边上都有标注（另外这个标准值还可以在油箱盖上和说明书上找到）。需要注意的是气压有不同的单位，一般有 3 ~ 4 种，如 kg/cm^2、bar、PSI 和 kPa，它们之间的换算关系是这样的：1 bar = 1.02 kg/cm^2 = 102 kPa = 14.5PSI。

任务实施

操作　汽车维护与保养中工量具的使用

1. 操作步骤

汽车维护与保养中工量具的使用如表 1-9 所示。

表 1-9　汽车维护与保养中工量具的使用

步骤	操作方法	图示
1	千分尺测量记录如下表。 | 被测物体	测量值	正确值 | |---|---|---| | | | | | | | | | | | |	
2	百分表的测量记录如下表。 | 被测物体	测量值	正确值 | |---|---|---| | | | | | | | | | | | |	

2. 学生训练结束场地的整理及总结（包含7S项目）

7S 项目管理是指作业过程中的整理、整顿、清扫、清洁、素养、安全和节约过程，是保持实训车间环境、提高工作效率、节约资源、实现轻松愉快和可靠工作的关键。

（1）车辆防护、车辆检测等操作工具的清洁与归位。

（2）清洗剂的回收和工作盘的清洁、整理与归位。

（3）实训车辆和实训场地的清扫、清洁。

（4）指导教师总结本次训练课题，布置实训报告（表 1-10）。

表 1 – 10　实训报告

姓名		班级		实训日期	
实训汽车车型			车辆识别代码		
工作任务题目					

主要实训内容记录如下。

实训过程中疑难点记录 （需要教师解决问题）	
实训小结（心得和体会）	
实训作业	（1）千分尺的使用方法是什么？ （2）百分表的使用方法是什么？

任务 5　常用举升起重设备及操作

知识目标	能力目标	思政要素和职业素养目标
（1）常规准备工作（卫生清扫、场地安全认定、人数清点等）； （2）准备常用举升机的技术资料（四柱式、两柱式、剪式等）； （3）举升机安全操作规程	（1）会正确、规范地使用千斤顶； （2）会各种举升机的安全操作	（1）树立正确的学习观、价值观，自觉践行行业道德规范； （2）遵规守纪，团结协作，爱护设备，钻研技术； （3）发扬一丝不苟、精益求精的工匠精神

【任务引入】

客户报修：

一台长安 CS35 型汽车通过涉水路面时，发动机熄火，车主多次试图起动都不能成功着车。

分析原因：

长安 CS35 车辆涉水熄火，需要对车辆基本情况进行检查，在检查过程中需要做举升操作，所以我们需要了解举升设备的使用规范。

【相关知识】

一、千斤顶

千斤顶是一种最常用、最简单的起重工具，按照其工作原理分为液压式和机械式两类。千分尺按照所能顶起的质量可分为 3 t、5 t、8 t、10 t、15 t、20 t 等多种不同规格。两种千斤顶都有体积小、质量轻的优点。液压式的省力，但对工作环境有一定要求。目前广泛使用的是液压式千斤顶。

1. 液压式千斤顶

液压式千斤顶常用的规格有 3 t、10 t、15 t 等。如图 1 - 19 所示，常用的有卧式（推车式）和立式两种。

（a）　　　　　　　（b）

图 1 – 19　液压式千斤顶

（a）卧式千斤顶；（b）立式千斤顶

2. 机械式千斤顶

机械式千斤顶常用的有立式和桥式两种。立式千斤顶采用棘轮来提升汽车，由于较为笨重，适合在车间内使用，其常用规格为 3 t 和 5 t 。桥式千斤顶采用螺杆转动带动杆系形变的原理来举升车辆，其举升质量较小，但轻巧方便，较适合轿车的检修，如图 1 – 20 所示。

图 1 – 20　机械式千斤顶

两柱举升机的操作
使用与养护

二、举升机

汽车举升机是汽车维修过程中用于举升汽车的设备。将汽车开到举升机工位，通过人工操作可使汽车举升到一定的高度，便于汽车维修。举升机在汽车维护与保养过程中发挥着非常重要的作用，现在的维修厂都配备了举升机，这是汽车维修厂的必备设备。

1. 结构与种类

举升机主要有双柱式、四柱式、龙门式等类型，一般采用电动液压操纵系统驱动，设有双保险自锁保护装置，具有升降平稳、安全可靠、使用方便等特点，如图 1 – 21 所示。

1）双柱式举升机

双柱式举升机为电动液压式或电动链条牵引式，使用开关操纵，升降方便。其立柱为固定式，适合 3 t 以下的轿车、轻型车的专业维修之用。

2）四柱式举升机

四柱式举升机为电动液压式或电动链条牵引式，使用开关操纵，升降方便。提升质量可

图 1–21 举升机

(a) 双柱龙门式举升机；(b) 双柱式举升机；(c) 四柱式举升机；(d) 剪式举升机

达8 t，稳定性好，能满足载货汽车等较大车辆的维护之用。其缺点是占用场地大，适合综合性汽车修理厂的使用。

3）剪式举升机

剪式举升机执行部分采用剪式叠杆的形式，电力驱动机械传动结构，目前广泛用于大型车辆维修。剪式举升机的举升速度适中且不占用车坑位置，对于一些车型相对固定、工作强度大（如在公共汽车）的修理领域无疑是最好的选择。而且由于其结构简单，同步性好，一般常用作四轮定位仪的平台。

剪式举升机分为大剪（子母式）、小剪（单剪），以及超薄系列剪式举升机等几种类型。小剪举升机主要用于汽车维修保养，安全性高，操作方便，挖槽后使其与地面相平。大剪举升机比较多，是配合四轮定位仪的最佳设备，并可以作为汽车维修，如轮胎、底盘检修用。

2. 使用注意事项

（1）图 1–22 所示为用双柱式举升机支起汽车时的支点位置。注意在顶举车体时，应尽可能使支臂的伸出长度相近，并使车体前后保持平衡。安装支臂时，小心不要碰到制动管和燃油管。

（2）车辆的总质量不能大于举升机的起升能力。

（3）根据车型和停车位置的不同，尽量使汽车的重心与举升机的重心接近，严防偏重。

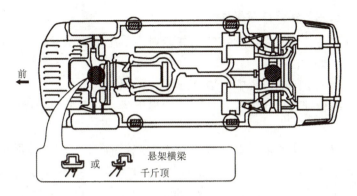

图 1-22　双柱式举升机举升位置

为了能打开车门，汽车与立柱间应留有一定的距离。

（4）转动、伸缩、调整举升臂至汽车底盘指定位置并接触牢靠。

（5）汽车举升前，操作人员应检查汽车周围人员的动向，防止发生意外。

（6）汽车举升时，要在汽车离开地面较低位置进行反复升降，若无异常现象发生方可举升至所需高度。

（7）汽车举升后，应落槽于棘牙之上并立即进行锁紧。

3. 举升机驱动类型及特点

按驱动类型来分类，举升机目前主要分为气动式、液压式、机械式三大类。其中尤以液压式居多，机械式次之，气动式最少，以下简单介绍液压类和机械类的举升机优劣。

1）机械式举升机

机械式举升机主要有单电动机驱动的螺纹传动举升机和双电动机驱动的螺纹传动举升机。机械式举升机流行于 1992—1998 年间，主要由宝得宝、衡臣、中大、申侠生产，该类举升机的特点是同步性好。由于一般多为电机驱动，螺杆传动，它不存在漏油污染问题，且自锁保护简单易行。但由于机械磨损维护成本高（经常需要更换铜螺母以及轴承），每年一台举升机的维修需要 1 000 元左右，客户最终会将该产品更换为维护成本小的液压式举升机。

2）液压式举升机

液压式举升机的特点是平稳、噪声小、力量大，缺点是用久之后易漏油，污染工作环境。但是液压式举升机维护成本低，油缸可使用 5～10 年，而且就举升机的发展趋势而言，一定是朝着安全、简便、使用寿命长、噪声小、价格低廉的方向发展，因此液压式举升机必将是今后举升机市场发展的主流。

液压式举升机分为两种：一种是单缸举升机；另一种是双缸举升机。

单缸液压式举升机的优点：同步性好，不存在颠簸现象；带厚底板，举升机的扭力靠底板抵消；容易调平，整机安全性好，适用于地基较差的地方。

双缸举升机又分为两种：龙门式举升机和薄地板举升机。由于是双缸，同步问题难以解决，往往靠两根钢丝绳来平衡，因此钢丝绳要调整得松紧一致，举升机才可以同步。

依据不同的标准举升机的分类还有许多，但立柱的构造是任何一种举升机最明显的特征，而它的驱动升降系统也是不同用户群体选购举升机最重要的考虑因素。

4. 千斤顶安全使用与保养注意事项

（1）使用千斤顶时，要弄清其额定的承载能力，千斤顶的顶举能力一定要大于或等于重物的质量，否则易发生危险。

（2）汽车在起顶或下降的过程中，禁止在汽车下面作业。

（3）下降时应缓缓拧松液压开关，使汽车缓慢下降，汽车下降速度不能过快，否则易发生事故。

（4）千斤顶应放在坚实的地面上，如果必须在松软路面上使用千斤顶起顶汽车作业时，应在千斤顶底座下加垫一块有较大面积且能承受压力的材料（如木板等），防止由于汽车重压工作时，场地基础下沉或千斤顶歪斜而发生危险。千斤顶与汽车接触位置应正确、牢固。

（5）千斤顶把汽车顶起后，当液压开关处于拧紧状态时，若发生自动下降故障，则应立即查找原因，及时排除故障后方可继续使用。

（6）千斤顶遇到操作力过大时，应检查原因，不要强行施力，更不允许接长操纵手柄来操作，这样容易使千斤顶超载。

（7）在顶举坚硬物体时，应在物体与千斤顶之间垫以防滑的垫料。

（8）用几台千斤顶来同时顶举一件较大而且重的物体时，必须核准各个千斤顶可能承受的最大载荷，同时应保证千斤顶同步起升或下降。

（9）液压千斤顶也不能长时间支撑重物，因为时间一长，千斤顶油液泄漏会使重物坠落。当需要较长时间支撑重物时，应在重物下面垫以安全支架，这样，万一千斤顶油液有泄漏也可保证安全。

（10）如发现千斤顶缺油时，应及时补充规定油液，不能用其他油液或水来代替。

（11）千斤顶必须垂直放置，以免因油液渗漏而失效。

（12）千斤顶不能用火烘热，以防皮碗、皮圈损坏。

（13）维护与保养螺旋千斤顶应经常在螺旋纹加工面上涂以防锈油脂。液压千斤顶应根据制造厂的要求灌注合适的、足量的工作介质，根据使用情况每隔半年至一年清洗一次，滤清杂质。

（14）千斤顶存放时，应将滑塞杆或螺柱、齿条降到最低位置，加工面应涂上防锈油，并放在干燥处，以防生锈。当发现千斤顶零件有裂纹时应停止使用。

任务实施

操作　千斤顶和举升机的安全使用

1. 操作步骤

千斤顶和举升机的安全使用如表 1 - 11 所示。

表 1 –11　千斤顶和举升机的安全使用

步骤	操作方法	图示
1	千斤顶的安全使用： （1）旋转顶面螺杆，改变千斤顶顶面与被顶部位的原始距离，使起顶高度符合汽车需顶高度； （2）用三角形垫木，将汽车着地车轮前后塞住，防止汽车在起顶过程中发生滑溜事故； （3）用手上下压动千斤顶手柄，被顶汽车逐渐升到一定高度，在车架下放入安全支架； （4）慢慢拧松液压开关，使汽车缓缓平稳地下降，架稳在安全支架上	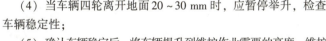 汽车空载支点 汽车加载支点 顶举 顶举
2	使用双柱举升机举起长安 CS35 型汽车（举升机的安全操作）： 举升机顶起车辆时，一般由两位维修技师配合完成，操作过程中应将"安全"放在第一位。 （1）将车辆置于举升机工作位置处，并安装车轮挡块； （2）检查车辆前后、左右位置，是否处于举升机适当的顶起位置，若位置不当，应前后或左右调整车辆位置； （3）在剪式举升机操作平板上安装垫块，垫块尽量置于规定的顶起位置处，打开举升机操作平台上的电源开关，向上少许提升举升机，当垫块接近于支撑部位，但还没有接触时，认真检查顶起位置，确保垫块位置到位； （4）当车辆四轮离开地面20～30 mm 时，应暂停举升，检查车辆稳定性； （5）确认车辆稳定后，将车辆提升到维护作业需要的高度，维护作业之前一定要锁止举升机，并进行必要的车下地面卫生清理； （6）维护作业完毕后，若要下降车辆，首先解除举升机锁止； （7）车辆下降到低位后，若有如轮胎螺母紧固等作业项目，一定要注意车辆下降位置，使车轮与地面接触，同时车辆又不脱离与举升机垫块接触（举升机、车辆、地面处于半联动状态）； （8）若需将车辆举起，直接提升车辆到规定位置，然后将举升机锁止，可进行维护作业； （9）维护作业操作完毕后，将车辆直接落到地面位置，使举升机与车辆脱离，移出垫块； （10）关闭举升机电源，清理卫生，操作完毕	 顶起位置 

2. 学生训练结束场地的整理及总结（包含 7S 项目）

7S 项目管理是指作业过程中的整理、整顿、清扫、清洁、素养、安全和节约过程，是保持实训车间环境、提高工作效率、节约资源、实现轻松愉快和可靠工作的关键。

（1）车辆防护、车辆检测等操作工具的清洁与归位。

（2）清洗剂的回收和工作盘的清洁、整理与归位。

（3）实训车辆和实训场地的清扫、清洁。

（4）指导教师总结本次训练课题，布置实训报告（表1-12）。

表 1-12　实训报告

姓名		班级		实训日期	
实训汽车车型			车辆识别代码		
工作任务题目					
主要实训内容记录如下。					
实训过程中疑难点记录（需要教师解决问题）					
实训小结（心得和体会）					
实训作业	（1）千斤顶的使用方法是什么？ （2）举升机的使用方法是什么？				

小　　结

（1）顾客满意度与 Q、V、S 三个因素有关，其中 Q 代表品质，V 代表价值，S 代表服务，所以顾客满意度是品质、价值、服务三个因素的函数。

（2）顾客满意指数是建立在顾客的感觉之上的，而这种感觉正是通过沟通被积极或消极地影响着。顾客是企业工作的对象，他们是销售的来源，是盈利的基础，并且是企业能够存在的基础。

（3）汽车维护是指当汽车行驶到规定时间或里程后，根据汽车维护技术标准，按规定的工艺流程、作业范围、作业项目和技术要求对汽车进行的预防性作业，如清洁、检查、紧固、润滑、调整和补给等。

（4）一级维护由专业维修厂负责执行。其主要内容除了日常维护工作，如清洁、润滑、紧固，还应检查有关制动、操纵等安全部件。

（5）7S 项目管理是指作业过程中的整理、整顿、清扫、清洁、素养、安全和节约过程，是保持实训车间环境、提高工作效率、节约资源、实现轻松愉快和可靠工作的关键。

（6）千斤顶是一种最常用、最简单的起重工具，按照其工作原理分为液压式和机械式两类。

（7）液压式举升机分为两种：一种是单缸举升机；一种是双缸举升机。

（8）依据不同的标准举升机的分类还有许多，但立柱的构造是任何一种举升机最明显的特征，而它的驱动升降系统也是不同用户群体选购举升机最重要的考虑因素。

练习思考题

（1）什么是顾客满意度？

（2）顾客满意定律是什么？

（3）维护的分类与作业范围有哪些？

（4）简述汽车维护的概念。

（5）高压操作中个人防护用具有哪些？

（6）举升机的安全操作步骤是什么？

项目二

汽车油液的检查与更换

任务 1　机油的检查与更换

【学习目标】

知识目标	能力目标	思政要素和职业素养目标
（1）了解发动机润滑系统的作用； （2）了解机油滤清器的作用； （3）掌握机油的选择； （4）掌握润滑系统的组成及功用	（1）能够检查机油； （2）能够更换机油滤清器； （3）能够更换机油	（1）树立正确的学习观、价值观，自觉践行行业道德规范； （2）遵规守纪，团结协作，爱护设备，钻研技术； （3）发扬一丝不苟、精益求精的工匠精神

【任务引入】

客户报修：

一辆长安逸动汽车，发动机噪声大，动力下降。

分析原因：

产生这种现象的原因可能有：机油缺失；机油内有杂质；发动机出现机械干涉；润滑油路堵塞。

【相关知识】

一、发动机润滑系统的作用

发动机在工作时，金属表面（如活塞环与气缸壁）间发生高速运动，造成摩擦。因此，为了保证发动机能正常工作，必须对相对运动部件的表面进行润滑，在摩擦表面间隔一层油膜，以减小摩擦阻力、降低功率损耗、减轻磨损，延长发动机使用寿命。发动机润滑系统的组成如图 2-1 所示。

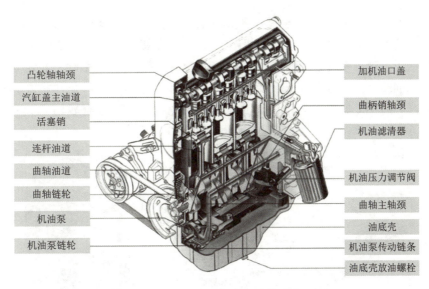

凸轮轴轴颈	加机油口盖
汽缸盖主油道	曲柄销轴颈
活塞销	机油滤清器
连杆油道	
曲轴油道	机油压力调节阀
曲轴链轮	曲轴主轴颈
机油泵	油底壳
	机油泵传动链条
机油泵链轮	油底壳放油螺栓

图 2 - 1   发动机润滑系统的组成

二、机油和机油滤清器的作用

机油是指发动机所使用的润滑油。汽车发动机用润滑油分为汽油机油和柴油机油两个系列。机油在汽车中起到润滑、冷却、清洗、密封、防锈蚀、液压和减振缓冲等作用。机油滤清器（图 2 - 2）的作用是及时滤除机油中各种杂质和胶质，防止润滑油路的堵塞，保障主油道的油液清洁。当机油滤清器长时间使用而未按要求定期更换时，其内部的滤纸将被机油杂质堵塞，使滤清器的过滤效果严重下降，机油的流通阻力增大，最终导致发动机的润滑效果不佳甚至没有润滑效果而损坏汽车发动机。

图 2 - 2   机油滤清器

三、机油的选择

机油质量可以分为 ILSAC 等级，API 等级，SAE 黏度等级。我国润滑油分类标准采用国际上广泛使用的 SAE 黏度等级法。我国汽油机和柴油机机油可以分为：0W、5W、10W、15W、20W、25W、10、20、30、40、50、60 等级别。例如，SAE40、SAE50 这样只有一组数值的是单级机油，不能在寒冷的冬季使用。再如 SAE15W - 40、SAE5W - 40 这样两组数值，表示冬天和夏天双用机油，15 表示冬天机油黏度为 15 号，40 表示夏天机油黏度为 40 号。这就代表这种机油是先进的"多级机油"，适合从低温到高温的广泛区域，黏度值会随温度的变化给予发动机系统全面的保护。机油对发动机性能有重要影响，驾驶员在每天行车前都要检查机油的情况。对于汽车性能而言，及时、科学、规范更换机油非常重要。在汽车实际运行过程中，汽车每行驶 5 000 km 应该更换机油和机油滤清器。机油及其标注如图 2 - 3 所示。

图 2 - 3　机油及其标注

任务实施

操作　机油的检查与更换

更换机油机滤

1. 操作步骤

机油检查与更换直接关系到汽车的行驶里程和使用寿命，要按时对机油进行检查与更换，具体操作步骤如表 2 - 1 和表 2 - 2 所示。

表 2 - 1　机油的检查

步骤	操作方法	图示
1	机油液位的检查； 检查汽车机油时，机油加注到距离上限 2/3 处为宜，若低于下限，则应添加机油到最佳位置	
2	机油质量的检查： 将机油标尺取出，滴一滴机油到滤纸上，观察机油向四周的扩散情况以及是否遗留下黑色物质，由此判断机油质量的优劣	

表 2 - 2　机油的更换

步骤	操作方法	图示
1	将发动机运转至正常工作温度（冷却液温度达70～90 ℃）后关闭汽车发动机； 举升车辆，将机油回收装置放置在发动机油底壳的正下方，方便回收废机油	
2	取下机油排放螺栓和密封垫片，排放机油。将旧的机油滤清器的残余机油倒入回收装置	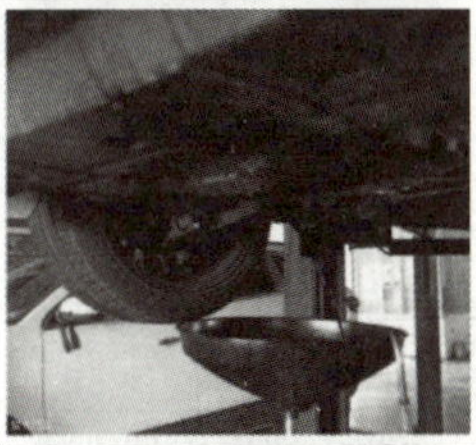
3	使用机油滤清器专用扳手拆下旧的机油滤清器，再用手慢慢拧下机油滤清器	
4	在新的机油滤清器 O 形圈上涂抹一薄层干净的机油	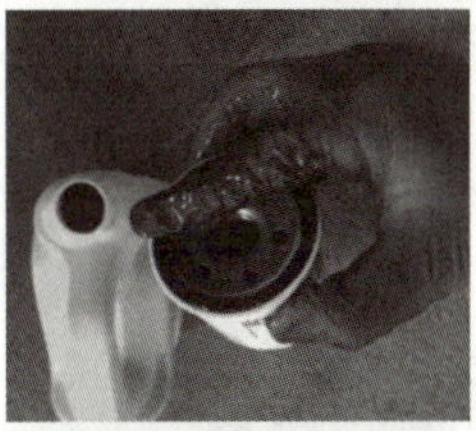
5	先用手拧入新的机油滤清器，然后用专用扳手紧固；更换机油排放螺栓垫片	
6	打开机油加注口盖，从发动机机油加注口注入车辆制造商规定黏度的高品质机油，直至油位达到机油标尺上的最佳位置为止	
7	盖上机油加注口盖，怠速空转 5 min 后停止。再等3 min 后拔出机油标尺检查油位是否处于正常位置，并检查是否漏油	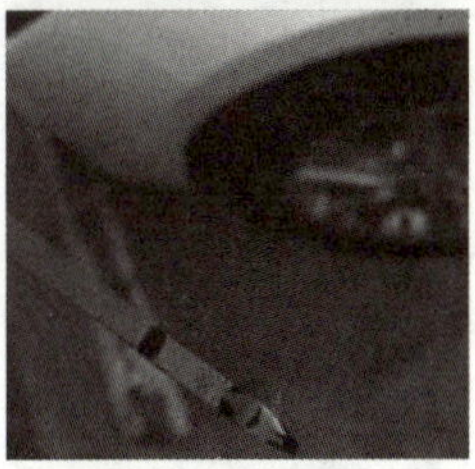

项目二　汽车油液的检查与更换

2. 学生训练结束场地的整理及总结（包含 7S 项目）

7S 项目管理是指作业过程中的整理、整顿、清扫、清洁、素养、安全和节约过程，是保持实训车间环境、提高工作效率、节约资源、实现轻松愉快和可靠工作的关键。

（1）套筒扳手、机油滤清器扳手等操作工具的清洁与归位。

（2）机油接收器的清洁和废弃物的分类、整理与归位。

（3）汽车车身和汽车内部的清洁。

（4）指导教师总结本次训练课题，布置实训报告（表 2 – 3）。

表 2 – 3　实训报告

姓名		班级		实训日期	
实训汽车车型		车辆识别代码			
工作任务题目					
主要实训内容记录如下。					
实训的过程中疑难点记录 （需要教师解决的问题）					
实训小结（心得和体会）					
实训作业	简述汽车发动机润滑油的作用。				
教师评语					

任务 2　汽车冷却液的检查与更换

【学习目标】

知识目标	能力目标	思政要素和职业素养目标
（1）了解冷却液的作用； （2）掌握冷却液的功能	（1）能够检查冷却系统密封性； （2）能够检查冷却液液位； （3）能够使用冰点仪； （4）能够更换冷却液	（1）树立正确的学习观、价值观，自觉践行行业道德规范； （2）遵规守纪，团结协作，爱护设备，钻研技术； （3）发扬一丝不苟、精益求精的工匠精神

【任务引入】

客户报修：

一辆长安逸动汽车，发动机水温过高，出现开锅现象。

分析原因：

产生这种现象的原因可能有：冷却液缺失；冷却散热器堵塞；风扇不转动；水泵叶轮损蚀；节温器失效。

【相关知识】

一、冷却液的作用

冷却液是汽车发动机不可缺少的一部分。它在冷却系统中循环流动，将多余的热能带走，起到散热冷却的作用，使发动机能以正常工作温度运转。当冷却液不足时，发动机冷却液温度会过高，导致发动机机件损坏。车主一旦发现冷却液不足，应该及时添加。发动机冷却系统组成如图 2 - 4 所示。

二、冷却液的功能

在选用、添加冷却液（图 2 - 5）时，应该慎重分析和选择。冷却液不同于水，一般情况下，不能用水代替。除

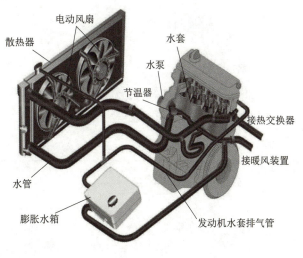

图 2 - 4　发动机冷却系统组成

项目二　汽车油液的检查与更换

去冷却作用外，冷却液还应具有以下功能。

1. 防冻

为防止汽车在冬季停车后，冷却液结冰而造成散热器、发动机缸体胀裂，要求冷却液的冰点要低，应低于当地最低温度 10 ℃左右，以防天气突变。

2. 防沸

在高温、高负载条件下，应保证冷却液不沸腾，故冷却液的沸点要高，防止发动机出现"开锅"现象。

3. 防腐蚀

冷却液应该具有防止金属部件腐蚀、防止橡胶件老化的作用。

4. 防水垢

冷却液在循环中应尽可能减少水垢的产生，以免堵塞循环管道，影响冷却系统的散热功能。

图 2-5　冷却液

任务实施

操作　冷却液的检查与更换

防冻液选用　　冰点仪的使用方法

1. 操作步骤

冷却液的检查与更换直接关系到汽车的行驶里程和使用寿命，因此要按时对冷却液进行检查与更换，具体操作步骤如表 2-4 ~ 表 2-7 所示。

表 2-4　冷却系统的密封性检查

步骤	操作方法	图示
1	检查冷却液是否从散热器、橡胶软管、散热器管等地方渗漏	

表 2 – 5　冷却液液位的检查

步骤	操作方法	图示
1	检查发动机冷却液液位时，要等发动机冷却后，检查冷却液储液罐中的液位。若液位在储液罐上高位线与低位线（"min"和"max"）之间，则表明液量充分，否则应该添加冷却液到标准位置	

表 2 – 6　冷却液冰点的检查——冰点仪的使用

步骤	操作方法	图示
1	取出冷却液，用吸管将其滴于棱镜表面，合上盖板，轻轻按压	
2	对准光源，旋转目镜，调整清晰度，读出分界线所示数值即可	盖板　检测棱镜　调节螺丝　棱镜座　镜筒和手柄　视度调节手轮　目镜
3	测试完毕，再次擦拭棱镜表面和盖板，清洗吸管，将仪器放还于包装盒内	

表 2 – 7　冷却液的更换

步骤	操作方法	图示
1	打开膨胀水箱盖和散热器盖。如果发动机水温过高，不要急于开启，以免发生烫伤	

项目二　汽车油液的检查与更换

续表

步骤	操作方法	图示
2	举升车辆，松开出水口处的卡箍，拔下橡胶水管，排出旧的冷却液	
3	排空旧的冷却液，擦拭出水口处，安装并卡紧橡胶水管	
4	加注新的冷却液，直至膨胀水箱 MAX 处	
5	加满冷却液后，可将发动机起动几分钟，使冷却液循环。冷却液循环时，会把冷却系统内的空气排出。若冷却液液面下降，需要补加	

2. 学生训练结束场地的整理及总结（包含 7S 项目）

7S 项目管理是指作业过程中的整理、整顿、清扫、清洁、素养、安全和节约过程，是保持实训车间环境、提高工作效率、节约资源、实现轻松愉快和可靠工作的关键。

（1）套筒扳手等操作工具的清洁与归位。

（2）旧冷却液接收器的清洁，废弃物的分类、整理与归位。

（3）汽车车身和汽车内部的清洁。

（4）指导教师总结本次训练课题，布置实训报告（表 2-8）。

表 2 - 8 实训报告

姓名		班级		实训日期	
实训汽车车型		汽车车辆识别代码			
工作任务题目					

主要实训内容记录如下。

实训过程中疑难点记录 （需要教师解决问题）	
实训小结（心得和体会）	
实训作业	（1）简述汽车发动机冷却液的作用。 （2）简述更换冷却液的步骤。 （3）简述更换冷却液的注意事项。
教师评语	

任务3　汽车制动液的检查与更换

【学习目标】

知识目标	能力目标	思政要素和职业素养目标
（1）了解制动液的性能； （2）了解制动液的分类； （3）了解制动液的规格； （4）掌握制动液的选用	（1）能够检查制动液及制动管路； （2）能够检查制动踏板； （3）能够更换制动液	（1）树立正确的学习观、价值观，自觉践行行业道德规范； （2）遵规守纪，团结协作，爱护设备，钻研技术； （3）发扬一丝不苟、精益求精的工匠精神

【任务引入】

客户报修：

一辆长安逸动汽车，制动踏板的制动性能不如新车灵敏。

分析原因：

产生这种现象的原因可能有：刹车片磨损过大；制动液缺失；真空助力泵性能减弱；制动系统内有空气。

【本关知识】

一、制动液的性能

汽车制动液又称为刹车油或刹车液，用于汽车液压制动系统中传递压力，使车轮制动器实现制动作用的一种功能性液体，具有如下性能。

（1）优良的高温性能。

（2）优良的低温和黏温性能。

（3）优良的金属防腐蚀性能。

（4）优良的容水性能。

（5）优良的热安定性能和化学稳定性能。

二、制动液的分类

制动液按其组成和特性不同，一般可分为矿油型、醇型和合成型制动液三类。其中合成型制动液是目前广泛应用的主要类型。

三、制动液的规格

国际上制动液的标准主要有美国汽车工程师协会标准，具体包括：SAE J1703/1704/1705 等；国际标准化组织制定的标准 ISO 4925 – 2020 Road Vehicles—Specification of Non – petroleum – based Brake Fluids for Hydraulic Systems；联邦机动车安全标准 FMVSS 571. 116 Motor Vehicle Brake Fluids。

国内以 JG 作为制动液的技术条件规格代号，简称 JG 系列。其中 J、G 分别为交通运输部和公安部两个部门汉语拼音的第一个字母，JG 后面的数字为各级的序号。

我国 2004 年 1 月实施的国家强制产品标准 GB 12981—2003《机动车辆制动液》是参照 ISO 4925：1978 制定的，其质量水平完全与国际通用标准接轨。该标准将制动液分为 HZY3、HZY4、HZY5 三种牌号，分别对应国际上的 DOT3、DOT4、DOT5 或 DOT5.1。H、Z、Y 分别表示合成制动液的汉语拼音的第一个字母，H、Z、Y 后面的数字表示级号。制动液储液罐和制动液标注如图 2 –6 所示。

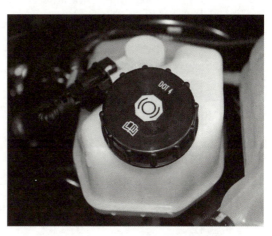

图 2 – 6　制动液储液罐和制动液标注

四、制动液的选用

制动液的选用原则如下。
（1）根据环境条件选择。
（2）根据车辆速度性能选择。
（3）优先选用高等级产品。

任务实施

操作　制动液的检查与更换

1. 操作步骤

制动液检查与更换直接关系到汽车的行驶里程和使用寿命，要按时对制动液进行检查与更换，具体操作步骤如表 2 – 9 ～表 2 – 11 所示。

制动液检查 – 液位、含水量检查

制动液分析仪的操作使用与养护

表 2 – 9　制动液及制动管路的检查

步骤	操作方法	图示
1	制动液的检查操作如下。 　　检查储油罐内的制动液液面是否正常，制动液液面应位于储油罐上"MAX"与"MIN"刻度线之间。若制动液不足，应首先对液压系统进行泄漏检查，在确保没有遗漏的情况下，补充制动液到规定液位	MAX最大刻度 MIN最小刻度
2	制动管路的检查操作如下。 　　检查制动总泵、制动分泵、油管是否存在泄漏；管路安装是否牢靠，有无破损；储油罐有无裂纹	

表 2 – 10　制动踏板的检查

步骤	操作方法	图示
1	进入驾驶室，关闭发动机，踩几次制动器，检查制动踏板是否出现变形等损伤。踩下制动踏板数次，释放真空助力器中残余的真空度。踩制动踏板时，应确保踏板反应灵敏、无异常噪声及过度松动等	离合器踏板　制动踏板　加速踏板
2	取出制动踏板下方的底板垫。使用直板尺测量制动踏板高度。制动踏板高度会直接影响制动系统的制动力。测量时，将直板尺垂直于地板面，观察踏板上平面在直板尺上的数值	
3	使用直板尺测量制动踏板的自由行程。测量时，将直板尺保持与地板垂直，踏板处于自然状态，确认此时的踏板高度后，用手稍用力下压踏板。当感觉阻力增大时，停止下压，观察踏板上平面在直板尺上的数值，计算得出两个数据的差值，即制动踏板自由行程，其标准值为 8 cm。通过踏板拉杆上的螺母可以调整踏板的自由行程，拧紧时自由行程减小，反之增大	

表2-11　制动液的更换

步骤	操作方法	图示
1	将制动液排放机的接头接到制动液油壶上，并加压	
2	举升车辆，乙将一个车轮制动分泵放气阀上的防尘帽取下，用塑料软管一端插到制动分泵的放气阀上，另一端插入接油容器中，用排气专用扳手拧松制动分泵放气阀	
3	甲按乙的口令踩踏制动踏板，乙观察制动液排放情况。当无油液排出时，乙拧紧放气阀，取下塑料软管，向甲发出信号，至此该车轮分泵内的制动液排放完毕。 甲、乙两人相互配合，重复以上操作步骤，完成其余三个车轮制动液排放操作	
4	打开制动液储液罐盖，加满制动液	
5	重复步骤2，甲在车上踩踏若干次制动踏板，当感觉制动踏板阻力增大时，踩住制动踏板并向乙发出信号	
6	乙听到信号后使用排气扳手拧松放气阀，制动液和空气快速进入接油容器中。当发现塑料管中制动液的流动速度变慢时，乙拧紧制动分泵上的放气阀，并通知甲继续踩踏制动踏板	
7	重复步骤6，直到放气孔中无气泡流出，乙拧紧放气阀门。取下放气软管，擦净油迹。至此，该车轮制动管路排气结束。 甲、乙相互配合，重复以上操作步骤，完成其余三个车轮制动管路空气的排放	
8	加注新的制动液。起动车辆，检查是否漏液；踩踏制动踏板，测试制动的情况	

项目二　汽车油液的检查与更换

2. 学生训练结束场地的整理及总结（包含7S项目）

7S项目管理是指作业过程中的整理、整顿、清扫、清洁、素养、安全和节约过程，是保持实训车间环境、提高工作效率、节约资源、实现轻松愉快和可靠工作的关键。

（1）操作工具的清洁与归位。

（2）旧制动液接油器的清洁和废弃物的分类、整理与归位。

（3）汽车车身和汽车内部的清洁。

（4）指导教师总结本次训练课题，布置实训报告（表2－12）。

表 2－12　实训报告

姓名		班级		实训日期	
实训汽车车型			车辆识别代码		
工作任务题目					
主要实训内容记录如下。					
实训过程中疑难点记录 （需要教师解决问题）					
实训小结（心得和体会）					
实训作业	（1）简述制动液的性能及选用。 （2）简述更换制动液的操作步骤。				
教师评语					

任务4 汽车风窗玻璃水的检查与更换

【学习目标】

知识目标	能力目标	思政要素和职业素养目标
（1）了解风窗洗涤装置与刮水器的作用 （2）了解刮水器的分类	（1）能够检查风窗玻璃洗涤装置 （2）能够调整风窗玻璃洗涤装置喷射位置 （3）能够更换刮水器	（1）树立正确的学习观、价值观，自觉践行行业道德规范； （2）遵规守纪，团结协作，爱护设备，钻研技术； （3）发扬一丝不苟、精益求精的工匠精神

【任务引入】

客户报修：

一辆长安逸动汽车，喷水器所喷洒出的清洗液压力较小。

分析原因：

产生这种现象的原因可能有：喷水器喷嘴堵塞；玻璃水缺失；喷水电动机故障。

【相关知识】

一、汽车玻璃水

汽车玻璃水指的是汽车风窗玻璃清洗液，其主要用于清洗汽车玻璃、后视镜等。汽车玻璃水是由酒精、乙二醇、缓冲剂以及各种表面活性剂组成的。当感觉汽车的风窗玻璃透明度差时，喷一些玻璃水就能够使视野清晰。特别是在夜间行车时，风窗玻璃上的灰尘会散射光线，这时候就需要喷一些玻璃水，让风窗玻璃保持在最佳透明的状态。玻璃水以清晰玻璃为主，但由于树胶、虫尸等顽固污渍不容易去除，冬季使用玻璃水容易结冰，或者由于水的纯度不够造成刮水器刮伤玻璃等问题，所以根据不同需求及功能逐渐研发出针对不同问题的各种玻璃水。

二、玻璃水的主要功能

（1）清洗。玻璃水是由多种表面活性剂及添加剂复配而成的。表面活性剂通常具有润湿、渗透、增溶等功能，从而起到清洗去污的作用。

（2）防冻。当有酒精、乙二醇的存在时，液体的冰点会显著降低，从而能很快地溶解冰霜，起到防冻的作用。

（3）防雾。玻璃水表面会形成一层单分子保护层，这个保护层能防止形成雾滴，保证风窗玻璃清澈透明，视野清晰。

（4）抗静电。用玻璃水清洗后，吸附在玻璃表面的物质能消除玻璃表面的电荷，起到抗静电的作用。

（5）润滑。玻璃水中含有乙二醇，其黏度较大，可以起润滑作用，从而减少了刮水器与玻璃之间的摩擦，防止划痕的产生。

（6）防腐蚀。玻璃水中含有的多种缓蚀剂对各种金属都没有腐蚀作用，不会损害面漆、橡胶，绝对安全。

三、玻璃水的分类

目前我国用品零售市场上的玻璃水可分两类：第一类是夏季常用产品，在清洗液里增加了除虫胶，可以快速清除撞在风窗玻璃上的飞虫残留；第二类是冬季使用的防冻型玻璃清洗剂，保证在外界与温度低于0 ℃时，依旧不会结冰冻坏汽车设施。在我国南方地区，使用第一类玻璃水即可。北方地区与南方地区玻璃水的消费差别是北方地区的玻璃水使用具有一定的季节性。

四、风窗洗涤装置与刮水器的作用

当汽车在灰尘较多的环境中行驶时，会有一些灰尘飘落在风窗玻璃上，遮挡驾驶员的视线。汽车风窗玻璃洗涤装置可在需要的情况下向风窗玻璃表面喷洒专用清洗液或水，在与刮水片配合工作下，可保持风窗玻璃表面的清洁。为了保证行车时驾驶员具有良好的视线，通常在汽车的前风窗玻璃上安装有刮水器，用于刮除黏附于风窗玻璃上的雨水、积雪或灰尘等，确保行车安全。刮水器和玻璃喷水箱如图 2 - 7 所示。

图 2 - 7　刮水器和玻璃喷水箱

五、刮水器的分类

为保证汽车行驶时具有良好的视线，在汽车的风窗玻璃前装有刮水器。汽车上采用的刮水器根据动力源不同可分为真空式、气动式和电动式三种。由于电动式刮水器具有动力大、工作可靠、容易控制、不受发动机工况影响等优点，目前在汽车上得到了广泛的应用。

任务实施

操作　汽车风窗玻璃水、喷水器、刮水器的检查与更换

1. 操作步骤

汽车风窗玻璃水、喷水器、刮水器的检查与更换具体操作步骤如表 2 – 13 ~ 表 2 – 15 所示。

表 2 – 13　汽车玻璃水、喷水器的检查

步骤	操作方法	图示
1	清洗液液位的检查操作如下。 　目视检查清洗液液面的位置，应在规定的范围内，如果缺少应添加	
2	喷水器的检查操作如下。 　喷水器喷嘴堵塞情况的检查：在保证清洗液足够的情况下，拨动喷水器的喷射开关，观察有无清洗液喷出，由此检查喷嘴是否堵塞。 　喷水器喷洒压力的检查：拨动喷水器的喷射开关，观察所喷洒出的清洗液的高度，要求高度位于风窗玻璃高度的2/3处为合格。 　喷水器喷洒位置的检查：目视检查喷水器的喷洒位置，要求清洗液喷洒区集中在刮水刷片的工作范围内	

表 2 – 14　风窗玻璃洗涤装置喷射位置的调整

步骤	操作方法	图示
1	在喷嘴内插入一根与风窗玻璃洗涤器喷嘴孔匹配的钢丝，以便调整喷洒方向。对准喷嘴，使喷水器喷洒大约落在刮水器的刮水范围	

表2-15 刮水器的更换

步骤	操作方法	图示
1	顺着刮水的方向，向上自然抬起刮水刷臂，使其远离车身。向后倾斜刮水片，使其与刮水刷臂垂直	
2	在刮水片和刮水刷臂的连接处找到固定的卡扣。向外拉动卡舌，将刮水片向外撑开。将卡扣向侧面拉动，将其从刮水片的连接处解开，从而分离刮水片和刮水刷臂	
3	用一字螺丝刀慢慢插进盖帽1 cm左右。切勿用力太大损伤盖子。用抹布裹住盖子往外拉，拔开帽盖后就能看见搭钩了	
4	用螺丝刀轻轻撬开搭钩，使搭钩脱离胶条即可。切勿用力过猛撬断搭钩	
5	抽出旧胶条，换入新胶条	
6	安装完后，重新用螺丝刀将搭钩与胶条压紧。将多余的胶条切除，装回盖帽	
7	将拆卸步骤反过来，就能将刮水器完整地组装回去	

2. 学生训练结束场地的整理及总结（包含7S项目）

7S项目管理是指作业过程中的整理、整顿、清扫、清洁、素养、安全和节约过程，是保持实训车间环境、提高工作效率、节约资源、实现轻松愉快和可靠工作的关键。

（1）操作工具的清洁与归位。

（2）废弃物的分类、整理与归位。

（3）汽车车身和汽车内部的清洁。

（4）指导教师总结本次训练课题，布置实训报告（表2-16）。

表 2-16　实训报告

姓名		班级		实训日期	
实训汽车车型			车辆识别代码		
工作任务题目					
主要实训内容记录如下。					
实训过程中疑难点记录 （需要教师解决问题）					
实训小结（心得和体会）					
实训作业	（1）简述刮水器的检查与维护项目。 （2）简述喷水器的检查与维护项目。				
教师评语					

小　　结

（1）润滑系统的作用有润滑、清洗、冷却、密封及防锈等。

（2）在选用机油时，要具体考虑发动机结构及环境条件，并参考发动机保养手册推荐的标准。

（3）冷却液的作用就是使工作中的发动机得到适度的冷却，从而保持发动机在最适宜的温度范围内工作。冷却液的工作温度一般为 80 ~ 150 ℃。

（4）刮水器的主要用途是清理车辆风窗玻璃，让驾驶员在日常行驶中能拥有良好的视野。

练习思考题

（1）润滑系统有哪些作用？

（2）机油的更换周期是怎样的？如何选用机油？

（3）怎样检查发动机机油的液位？

（4）怎样更换发动机机油？

（5）怎样检查冷却液液位？怎样更换冷却液？

（6）怎样更换刮水器？

项目三
汽车发动机的维护与保养

任务1 空气供给系统的维护与保养

【学习目标】

知识目标	能力目标	思政要素和职业素养目标
（1）了解发动机空气供给系统的组成部件和功能； （2）掌握节气门的清洗方法； （3）了解节气门的结构和作用	能进行发动机节气门的清洗操作	（1）树立正确的学习观、价值观，自觉践行行业道德规范； （2）遵规守纪，团结协作，爱护设备，钻研技术； （3）发扬一丝不苟、精益求精的工匠精神

【任务引入】

客户报修：

一辆迈腾1.4T自动挡轿车行驶了15万km，车主反映汽车行驶过程中冒黑烟，加速无力。到路边维修店更换了发动机电脑板，并更换了空气滤清器、清洗节气门后工作正常。但过了一段时间后又出现加速无力、冒黑烟的现象，且黑烟更浓。

分析原因：

产生这种现象的原因可能有：进气压力传感器（空气流量计）损坏；燃油压力异常；进气管道位于空气流量计（进气压力传感器）后的某个位置漏气；氧传感器损坏。

【本关知识】

一、空气供给系统的组成

发动机舱进气系统如图3-1所示。空气供给系统由空气滤清器、空气流量计、进气压力传感器、进气温度传感器、节气门体、附加空气阀、急速控制阀、谐振腔、动力腔、进气歧管等组成，如图3－2所示。进气系统的主要功能是为发动机输送清洁、干燥、充足而稳定的空气以满足发动机的需求，避免空气中杂质及大颗粒粉尘进入发动机燃烧室造成发动机异常磨损，另一个重要功能是降低噪声。

图3－1　发动机舱进气系统

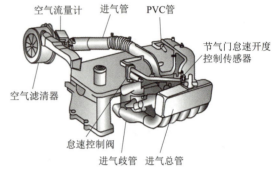

图3－2　空气供给系统

二、空气供给系统的工作原理

空气供给系统的工作原理：当发动机工作时，驾驶员通过加速踏板操纵节气门的开度，以此来改变进气量，控制发动机的输出功率（负荷）；空气经空气滤清器过滤后，通过空气流量计（L型）、节气门体进入进气总管，再通过进气歧管分配给各气缸。

三、空气供给系统的分类

根据测量进气量的方式不同，空气供给系统分为L型和D型两种。D型空气供给系统是利用进气歧管绝对压力传感器检测进气管内的绝对压力，进气歧管压力传感器安装在节气门后，电控单元根据进气管内的绝对压力和发动机转速推算出发动机的进气量，再根据进气量和发动机转速确定基本喷油量。这种计量进气量的方式属于速度密度型，结构较为简单。

L型空气供给系统（图3－3）利用空气流量计直接测量发动机的进气量，空气流量计安装在节气门体前，电控单元不必进行推算，即可根据空气流量计信号计算与该空气量相应的基本喷油量。因消除了推算进气量误差的影响，其测量的准确程度高于D型，故对混合气浓度的控制更精确。L型空气供给系统又可分为体积流量型和质量流量型，叶片式和卡门涡旋式空气流量计属于体积流量型（现用得较少），热线式和热膜式空气流量计属于质量流量型（热线式用得较多）。

根据是否增压，空气供给系统分为自然吸气系统和进气增压系统。增压主要是为了提高进入发动机空气的密度（对空气进行压缩），增加发动机的进气（氧含）量，以达到增加发动机的功率和扭矩的目的。在高海拔地区，空气较稀薄、含氧量低，如果不增压，发动机的动力就会明显不足乃至熄火。常见的增压方式有废气涡轮增压、机械增压、复合增压、谐波增压。

废气涡轮增压系统（图3－4）利用发动机排气管道的废气能量来推动涡轮室内的涡轮，涡轮又带动同轴的叶轮，叶轮压送由空气滤清器管道送来的空气，使之增压进入气缸。通过压缩空气来增加进气量，增压器与发动机无任何机械联系。废气涡轮增压原理如图3－5所示。

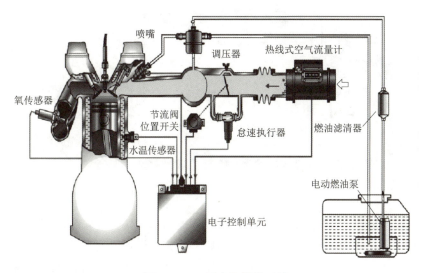

图 3 – 3　L 型空气供给系统

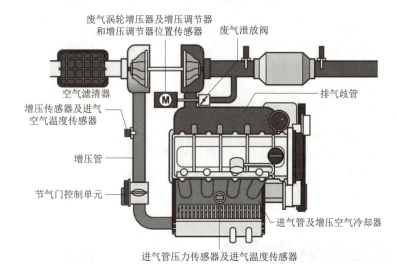

图 3 – 4　废气涡轮增压系统

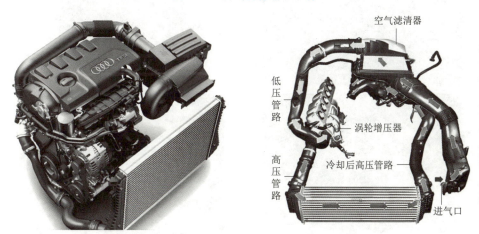

图 3 – 5　废气涡轮增压原理

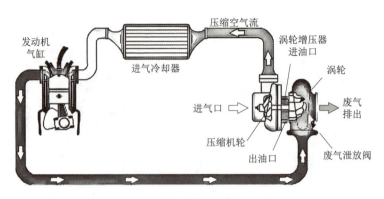

图 3 - 5　废气涡轮增压原理（续）

当发动机转速加快，废气排出速度与涡轮转速也同步加快，叶轮就压缩更多的空气进入气缸，空气的压力和密度增大可以燃烧更多的燃料，相应增加燃料量就可以增加发动机的输出功率。一般而言，加装废气涡轮增压器后的发动机功率及转矩要增大 20% ~ 30%。

增压发动机的进气部分可以分成三段：第一段是从空气滤清器到涡轮增压器，这里的压力是负压，空气是被吸进来的；第二段是从涡轮增压器到中冷器，空气在这里被压缩，温度和压力都很高，是整个进气系统中压力最高的部分，一般能够达到两个大气压；第三段是从中冷器到发动机，由于这一段的空气被中冷器冷却了，所以压力有所降低，但仍是正压力。

当涡轮增压器在工作时，其工作转速非常高，全负荷工作状态下其转速可达每分钟 18 万 ~ 20 万转，高速运转的叶轮轴对动平衡要求非常高，在出厂时经过了严格的测试。如果空气滤清器质量欠佳，或长期不更换，对空气的过滤能力大大减弱，或进气管路泄漏，导致部分没有经过过滤的空气进入发动机，这样的空气中含有大量的粉尘和微粒，会将进气增压轮片打伤磨损，从而破坏了叶轮的动平衡。如果叶轮轴的动平衡被破坏，轻则会加剧增压器轴承的磨损，导致漏油和异响，重则会打坏增压器。正常叶轮和被粉尘打伤叶轮的对比如图 3 - 6 所示。

图 3 - 6　正常叶轮和被粉尘打伤叶轮的对比

机械增压器采用皮带与发动机曲轴皮带轮连接（新型的增压器带有电磁离合器，可控制增压器是否启动），利用发动机转速来带动机械增压器内部叶片，以产生增压空气并送入发动机进气歧管内。整体结构简单，工作温度为 70 ~ 100 ℃，不同于涡轮增压器靠引擎排放的废气驱动，必须接触 400 ~ 900 ℃ 的高温废气，因此机械增压系统对于冷却系统、润滑油脂的要求与自然吸气式发动机相同，机件保养程序大同小异。由于机械增压器采用皮带驱动的特性，因此增压器内部叶片转速与发动机转速是完全同步的。机械增压系统的组成及在发动机上的安装位置分别如图 3 - 7、图 3 - 8 所示。

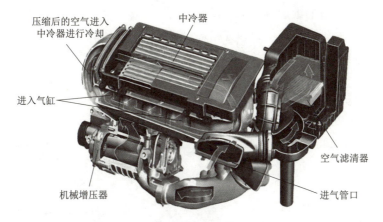

空气从进气口进入 ⇒ 空气滤清器 ⇒ 机械增压器 ⇒ 中冷器 ⇒ 进入气缸

图 3 - 7　机械增压系统的组成

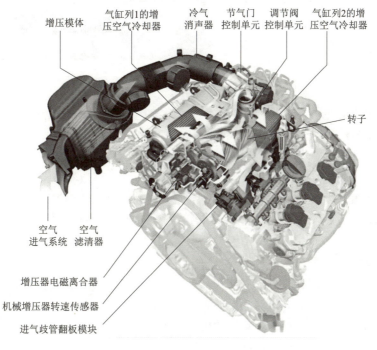

图 3 - 8　机械增压系统在发动机上的安装位置

项目三　汽车发动机的维护与保养

四、空气滤清器的种类

汽车发动机是非常精密的机件，极小的杂质都会损伤发动机。因此，空气在进入气缸之前，必须先经过空气滤清器的细密过滤，才能进入气缸。

汽车空气滤清器是过滤空气的装置，它能去除混杂在空气中的部分水蒸气、颗粒悬浮物等杂质，给发动机气缸提供清洁的空气，减少杂物对活塞、气缸等装置的磨损，确保发动机正常高效运转，对发动机的维护有很大的积极作用。

按照滤清原理，空气滤清器可分为过滤式、离心式、油浴式、复合式几种。目前，发动机中常用的空气滤清器主要有惯性油浴式空气滤清器、纸质干式空气滤清器、聚氨酯滤芯空气滤清器等几种。

纸质干式空气滤清器的滤芯采用经过树脂处理的微孔滤纸制成，滤纸多孔、疏松、折叠，有一定的机械强度和抗水性，具有滤清效率高、结构简单、质量轻、成本低、保养方便等优点，是目前应用最广泛的汽车用空气滤清器。纸质滤芯的滤清效率高达99.5%以上，轿车上广泛使用的空气滤清器是纸质滤清器，又分为干式和湿式两种。对干式滤芯来说，一旦浸入油液或水分，滤清阻力就会急剧增大，因此清洁时切忌接触水分或油液，否则必须更换新件；湿式滤芯使用海绵状的聚氨酯类材料制造，使用时应滴加一些机油，用手揉匀，以便吸附空气中的异物，如果滤芯污损之后，可以用清洗油进行清洗，过分污损也应该更换新滤芯。脏污的纸质滤芯如图3-9所示。

图3-9　脏污的纸质滤芯

聚氨酯滤芯空气滤清器的滤芯采用柔软、多孔、海绵状的聚氨酯制成，吸附能力强。这种空气滤清器具有纸质干式空气滤清器的优点，但机械强度低，在轿车发动机中使用较为广泛。各种空气滤清器各有优缺点，但不可避免地都存在进气量与滤清效率之间的矛盾。随着对空气滤清器的深入研究，对空气滤清器的要求也越来越高。近年来出现了一些新型的空气滤清器，如纤维滤芯空气滤清器、复式过滤材料空气滤清器、消声空气滤清器、恒温空气滤清器等，以满足发动机工作的需要。

滤清器的过滤要求如下。

（1）过滤精度高：滤出所有较大的颗粒（>12 μm）。

（2）过滤效率高：减少通过滤清器的颗粒数量。

（3）避免空气流量计损坏，防止发动机的早期磨损。

（4）压差低，确保发动机有最好的空燃比，降低过滤损失。

（5）过滤面积大，容灰量高，使用寿命长，降低运营费用。

空气滤清器的更换

（6）安装空间小，结构紧凑。

（7）湿挺度高，防止滤芯出现吸瘪现象，使滤芯被击穿。

（8）阻燃，密封性能可靠，性价比高。

空气滤清器的更换周期为每行驶1.5万km时需更换一次，经常在恶劣环境中工作的车辆应不超过1万km更换一次。对于空气滤清器的使用寿命，轿车为5 000～3万km，商务车为8万km。某汽车用户APP保养提醒如图3－10所示。

如果空气滤清器堵塞，会造成什么情况呢？如果滤芯堵塞严重，将使进气阻力增加，发动机功率下降。同时由于空气阻力增加，也会增加吸进的汽油量，导致混合比过浓，从而使发动机运转状态变坏，增加燃料消耗，也容易产生积炭。平时应该养成经常检查空气滤清器滤芯的习惯。对于涡轮增压系统空气滤清器，若出现堵塞将会造成涡轮增压器进气端压力不足，这样就会使进气端与排气端压力不平衡，增大磨损。在正常工作情况下，进气端和排气端的空气压力大于密封腔内机油压力，但当进气压力不足时机油压力就会高于进气端的压力，将机油从密封腔中抽出。如果空气滤清器严重堵塞，还会造成发动机的喘振。

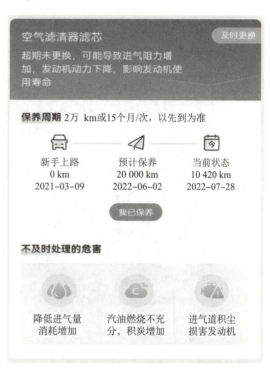

图3－10　某汽车用户APP保养提醒

涡轮增压发动机必须使用质量有保证的空气滤清器，并且要定期更换、保养。一般建议每隔1万km更换空气滤清器，在这中间，要对空气滤清器清吹1～2次。在清吹空气滤清器时，一定要从滤清器的反面向正面吹，而不能从正面向反面吹，否则会把粉尘强制吹过滤清器，加大了滤清器的缝隙，导致空气滤清器的过滤性能降低。对于空气质量不好的地区，建议适当缩短空气滤清器的更换周期。空气滤清器清吹操作如图3－11所示。

图3－11　空气滤清器清吹

对于进气管路的高压部分，要经常检查进气胶管是否破损，喉箍是否松脱。这部分的胶管和喉箍都是特殊设计的，胶管具有很高的强度，能承受比较大的压力；喉箍能够随着温度的变化自动地调整紧固力，时刻保证胶管接口的良好密封。这种喉箍如果损坏，必须使用原厂配件，不能使用普通的固定卡子代替，否则会出现密封不严、漏气的故障。汽车在行车过程中，如果突然出现了发动机动力不足、冒黑烟的故障，或发动机舱中有"呼呼"的漏气声，一般都是这部分的管路爆裂或脱落所致。

五、节气门的结构和作用

节气门门体如图 3 – 12 所示。

图 3 – 12   节气门门体

节气门安装在进气管道中，调节控制进气量的大小。按油门踏板与节气门的控制关系分为电子节气门和拉锁式节气门（基本淘汰），按怠速工况进气通道不同分为节气门直动式控制（常用）、节气门旁通式控制。电子节气门控制组件包含节气门体、节气门位置传感器、节气门控制电动机、减速机构。

踩下油门踏板加速或放松油门踏板减速实际是调节节气门门体开度从而调节进气量，可以改变发动机动力。现代发动机电子节气门体组件可以通过其自调节来修正进气量。

节气门是需要清洗的，因为汽车使用时间长了，节气门会变脏，自身及附近气道内壁上会附着一层油泥污垢，也就是所谓的积炭。如果节气门脏了不清洗，会影响发动机进气，从而使发动机出现怠速抖动、熄火等情况，而且汽车还会出现加速不顺畅，有顿挫感，油耗也会随之增加。干净的节气门和脏污的节气门对比如图 3 – 13 所示。

形成节气门污垢的原因主要是机油蒸气，其次是空气中的微粒和水分，也就是说在使用合格空气滤清器且去掉曲轴箱通风管的情况下，节气门脏污速度会慢很多。曲轴箱内置曲轴，下边连接油底，这部分的工作温度在 $100 \sim 180 \ ℃$。机油在使用中会受热挥发，使用时间越长，温度越高，挥发越强，加上气缸压缩气多少会通过活塞环的缝隙挤压到曲轴箱里，所以必须有一个通道放掉气体，否则油底会形成正压。曲轴箱通风管连接到节气门的原因：一方面是环保要求；另一方面是靠进气的负压从曲轴箱抽出气体。含油蒸气到达进气管时变冷，其中的油会凝结在进气道和节气门上，随之蒸气中夹杂的积炭也会沉积在这些部位，因

（a）   （b）

图 3 – 13　干净的节气门和脏污的节气门对比

为节气门开启的缝隙空气流量最大，空间小，气体温度也低，所以这部分最容易凝结。

因此，节气门多长时间会脏取决于空气滤清器的质量，以及使用机油的品牌、质量，行驶路段状况，空气温度状况，发动机工作温度、驾驶习惯等方面。即使就个体而言，也不能用固定千米数来确定清洗节气门的时间。新车第一次清洗节气门的间隔最长，以后由于曲轴箱通风管和进气道中油气的不断凝结，清洗频度会增加，而且不同气候也会影响节气门脏污的速度。进气系统脏污的后果如图 3 – 14 所示。

故障灯亮   积炭增多   耗油增加

尾气超标   加速无力   动力不足

图 3 – 14　进气系统脏污的后果

空气滤清器的清洁与更换操作如下。

（1）空气滤清器的清洁：汽车行驶了 2 万 km 后空气滤清器就会变得很脏，所以能在 4S 店用加压后的空气枪去吹，这就能除去在空气滤清器表层及内部的尘土。

（2）空气滤清器的更换：当汽车行驶了 4 万 km 后空气滤清器已很脏，这个时候用清洁的办法也无法恢复其过滤功能，除掉内部的尘土，要更换空气滤清器。

电子节气门的清洗如表 3 - 1 所示。

表 3 - 1 电子节气门的清洗

项目	进气系统清洗	节气门清洗
清洗目的	改善进气性能，恢复正常燃烧比，降低尾气排放，使发动机怠速更稳，降低油耗	清除节气门上油泥和积炭，提升发动机稳定性，降低油耗
清洗部位	主要清洗进气管道，同时也清洗进气系统的其他部位，包括节气门	节气门
清洗方式	免拆洗	拆解清洗

节气门需要每隔 2 万 ~ 4 万 km 清洗一次。不能随意清洗节气门，清洗频率也不能过多，否则会使节气门内腔的特殊涂层逐渐被清洗掉。内腔失去了涂层，反而更容易造成油腻物的附着。

免拆节气门清洗：4S 店或者修理厂通常会用"打吊瓶"的方式清洗——在发动机运转的情况下，向进气道内持续喷注清洗液，虽然耗时比较长，但操作起来比较简单，而且还可以一并将进气道清洗了。

<h1 align="center">任务实施</h1>

操作 节气门的拆卸清洗与免拆节气门清洗

1. 操作步骤

节气门的拆卸清洗操作如表 3 - 2 所示。

清洗节气门体

表 3 - 2 节气门的拆卸清洗

步骤	操作方法	图示
1	拆下卡箍： 拆下连接在节气门体的进气管卡箍	
2	取下节气门阀： 将进气管取下或者拆下节气门阀体	

步骤	操作方法	图示
3	清洁节气门： 使用"节气门清洗剂"清洗节气门内部及扇形阀门上的污渍等	
4	清洁完成： 清洗过程中可以用干净的布进行擦拭	

免拆节气门清洗操作如表 3-3 所示。

表 3-3　免拆节气门清洗

步骤	操作方法	图示
1	热车： 起动发动机至正常工作温度后熄火	
2	拆下节气门体前的软管： 拆下与节气门体相连的进气软管	
3	开始清洗： 起动发动机，将设备挂在机罩上，连接雾化工具	
4	复原车辆： 清洗完毕后，复原车辆并检查	

节气门被清洗后，控制模块（ECU）会察觉到节气门异常而跳报警灯，通过故障诊断仪等将节气门重新匹配设定后，报警灯就会熄灭。

项目三　汽车发动机的维护与保养

2. 学生训练结束场地的整理及总结（包含7S项目）

7S项目管理是指作业过程中的整理、整顿、清扫、清洁、素养、安全和节约过程，是保持实训车间环境、提高工作效率、节约资源、实现轻松愉快和可靠工作的关键。

（1）套筒扳手、压缩空气机等操作工具的清洁与归位。

（2）清洗剂的回收和工作盘的清洁、整理与归位。

（3）实训车辆和实训场地的清扫、清洁。

（4）指导教师总结本次训练课题，布置实训报告（表3-4）。

表3-4　实训报告

姓名		班级		实训日期	
实训汽车车型		车辆识别代码			
工作任务题目					
主要实训内容记录如下。					
实训过程中疑难点记录 （需要教师解决问题）					
实训小结（心得和体会）					
实训作业	（1）进气系统由哪些部件组成？ （2）节气门脏污的原因有哪些？ （3）节气门多久需要清洗一次？				
教师评语					

任务 2　燃油供给系统的维护与保养

【学习目标】

知识目标	能力目标	思政要素和职业素养目标
（1）了解燃油供给系统的结构组成； （2）掌握燃油供给系统维护与保养项目的操作要点	能够进行燃油压力检测、燃油滤清器的更换、喷油器（喷油嘴）的清洗	（1）树立正确的学习观、价值观，自觉践行行业道德规范； （2）遵规守纪，团结协作，爱护设备，钻研技术； （3）发扬一丝不苟、精益求精的工匠精神

【任务引入】

客户报修：

一位客户在下班时间打电话请求救援，声称自己的车突然打不着火，早上停车时一切正常，且 12 V 电池没有亏电，起动机也正常工作。通过沟通和资料查询，客户使用的是 2016 年桑塔纳 1.6 L 汽车。

分析原因：

汽油发动机正常起动必须满足的 4 个条件：恰当的混合气体（空燃比）、足够的点火能量、正确的点火时刻、正常的气缸压缩压力。任何一个工作条件不满足都会使发动机无法起动或者起动困难。根据客户的描述，基本可以排除起动机故障和机械故障。根据经验判断，该车最有可能是燃油供给系统出现故障。

【本关知识】

一、燃油供给系统的组成和作用

1. 燃油供给系统的功能与分类

1）功能

燃油供给系统可以实现供油和喷油的作用：将一定量的清洁汽油通过喷油器适时地喷射到进气歧管或气缸内，系统油压由燃油压力调节器控制在规定的范围内，喷油量和喷油正时均由发动机控制单元根据传感器信号确定。发动机工作时，电动汽油泵将会把燃油从油箱里泵出，经汽油滤清器除去杂质及水分后通过进油管进入燃油分配管，分配到各缸喷油器。燃油供给系统的组成如图 3-15 所示。

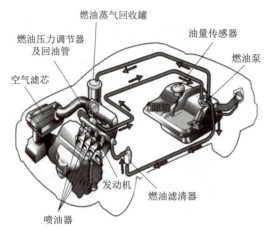

图 3 – 15　燃油供给系统的组成

2）分类

燃油系统的分类如图 3 – 16 所示。

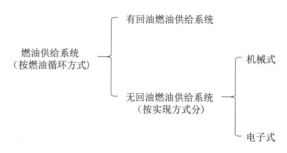

图 3 – 16　燃油供给系统的分类

（1）有回油燃油供给系统的主要特征是将多余的燃油从油轨送回燃油箱。这种系统采用电动燃油泵和机械式油压调节器，ECU 收到稳定的曲轴位置传感器 CKP 信号后就控制燃油泵连续运转。

（2）无回油燃油供给系统的主要特征如下。

①由于没有回油管，减少了燃油被发动机热量加热的机会，故燃油温度比较低，这样可以减少燃油蒸气的蒸发以降低排放。

②无回油燃油供给系统通常把油压调节阀、燃油滤清器安装在油箱内，减少了油箱外燃油管路的接口，大大降低因燃油泄漏而发生车辆自燃的可能性。

③无回油燃油供给系统燃油压力通常比较高，这样可以把喷油器的喷油孔设计得多且小，利于燃油雾化。

2. 燃油供给系统的组成

燃油供给系统包括燃油箱、电动燃油泵、燃油滤清器、燃油压力调节器、燃油分配管 、喷油器。

注：当汽油泵泵入燃油供给系统的燃油增多或油路中的油压升高时，燃油压力调节器将自动调节燃油压力，保证供给喷油器的油压基本不变。

汽油箱用于储存汽油，其容量一般可供汽车行驶 300～600 km。汽油箱总成包括箱体、油箱盖、油量指示传感器等。燃油箱通常位于后排座下方与后桥之间，可避免一定程度的碰撞。燃油箱内有电动燃油泵，用于向供油管抽取燃油；有一个燃油油量传感器，用于检测燃油液位并将信号给到电脑板，在仪表上显示油箱油量。为抑制燃油因路况变化而晃动，燃油箱内有防晃隔板，除了可以抑制燃油晃动外，还可以增强燃油箱的强度。

燃油箱通常有两个出口：一个是注油口，一般从车身外面可以直接看到；另一个是内置的出口，燃油泵和燃油计量仪等部件就是从这个口进入的。另外，随着燃油消耗殆尽，油量的减少以及油面的降低，燃油箱内外气压差随之增大，这种情况下极易造成燃油箱的变形，为了避免出现此问题，燃油箱上都会装有通风装置，这是设计应该考虑的问题。常见的燃油箱结构及燃油泵如图 3－17 所示。

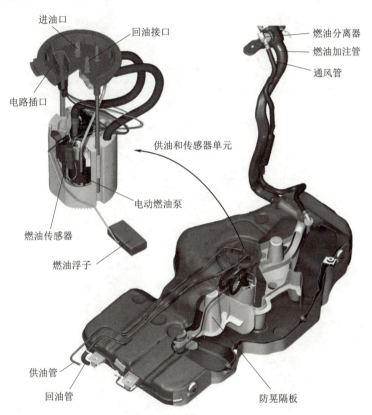

进油口　回油接口　　燃油分离器　燃油加注管　通风管
电路插口　供油和传感器单元　电动燃油泵　燃油传感器　燃油浮子　供油管　回油管　防晃隔板

图 3－17　常见的燃油箱结构及燃油泵

汽车燃油箱材质一般有铁、铝合金。铁质燃油箱的防锈问题成为油箱质量的最大问题。铝合金油箱不仅在强度方面能够满足要求而且耐蚀性要比铁质和其他新材料有很大的优势。部分汽车燃油箱采用塑料材质，具有质量轻、耐蚀性较好等优点。一体式燃油滤清器的燃油箱和燃油泵如图 3－18 所示。

2. 燃油泵

燃油泵总成和燃油泵如图 3－19 所示。

电动燃油泵的作用是向喷油器提供油压高于进气歧管压力 250～300 kPa 的燃油。按结

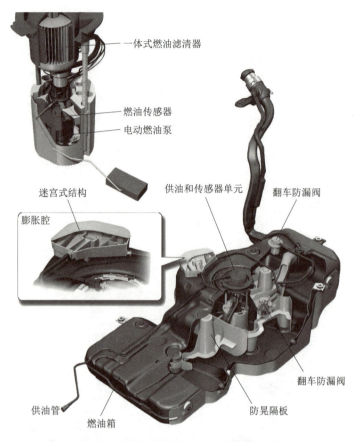

图 3 – 18　一体式燃油滤清器的燃油箱和燃油泵

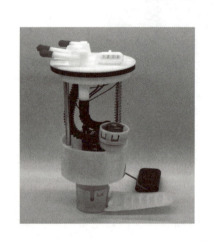
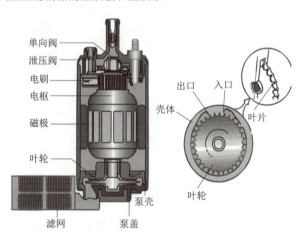

图 3 – 19　燃油泵总成和燃油泵

构分，燃油泵有滚柱式、涡轮式、齿轮式和叶片式等。按安装位置分，燃油泵有内装式和（常用）外装式。

　　燃油泵的使用小常识：加注劣质汽油会导致汽油泵损坏，影响正常行驶，甚至引起安全隐患。请到正规加油站加油。

　　当燃油表油位报警时，请立即加注燃油，并避免长时间坡道停车。

燃油泵的拆卸
检查安装

油箱内燃油较少状态下，会影响燃油泵散热，降低燃油泵使用寿命，油位低时长时间坡道停车会导致燃油泵储油盒不能正常储油，这时燃油泵的泵芯不能完全浸没在燃油内，会导致腐蚀等问题，因此长时间不使用车辆最好停放在水平路面上。

避免长时间不使用车辆。汽油长时间存放，油品会发生氧化变质，造成燃烧不充分、积炭、发动机油路堵塞、燃油泵腐蚀等，进而造成怠速不稳等，影响发动机性能。

加油口保持清洁，及时清理灰尘，灰尘进入油箱会导致燃油泵滤网堵塞、泵芯磨损或卡死。

高压燃油泵是缸内直喷发动机一个非常重要的部件。高压燃油泵靠发动机凸轮轴转动直接带动，并不像低压燃油泵一样靠电路通电。低压燃油泵处泵送出来的燃油经过高压燃油泵的二次加压，输送到燃烧室内进行燃烧。普通的燃油压力一般为 200 ~ 600 kPa，而高压燃油泵压力为 2.4 ~ 30 MPa。高压力的燃油必然使油气混合更加充分，这样雾化效果就会更高，其燃烧效率也会更高，油耗会比进气歧管喷射更低，并且由于燃烧更加充分其废气排放也就更好。高压燃油泵及其安装位置如图 3 – 20 所示。

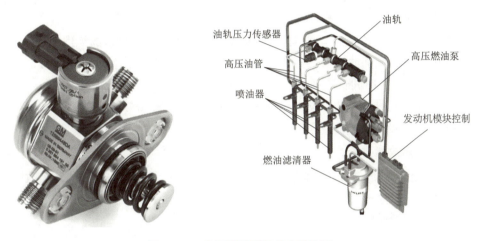

图 3 – 20　高压燃油泵及其安装位置

二、燃油滤清器

燃油滤清器串联在燃油泵和节流阀体进油口之间的管路上，其作用是把燃油中的氧化铁、粉尘等固体杂物除去，防止燃油供给系统精密部件堵塞（特别是喷油器），减少机械磨损，确保发动机稳定运行，提高可靠性。燃油滤清器的结构由一个铝壳和一个内有不锈钢的支架组成，在支架上装有高效滤纸片，滤纸片呈菊花形，以增大流通面积。燃油滤清器及其滤芯如图 3 – 21 所示。

图 3 – 21　燃油滤清器及其滤芯

安装在进油管路中的汽油滤清器一般为汽车每行驶 1 万 km 更换一次，安装在油箱内的汽油滤清器一般在汽车每行驶 6 万 ~ 10 万 km 更换一次。具体最佳更换时机可以参考车辆使用手册上的说明。通常燃油滤清器的更换是在汽车进行大保养时进行的，与空气滤清器和机油滤清器同时更换。

现在的汽油生产工艺水平较高，从生产到销售也比较封闭，汽油清洁许多，燃油滤芯堵塞的情况极少出现。

劣质燃油滤清器使用的滤芯材质较差，不仅过滤效果差，长时间在机油内浸泡，滤芯本身会有过滤层脱落，堵塞油路，致使燃油压力不足，车辆无法起动；同时还会造成燃油系统压力异常，直接导致发动机动力不足或燃烧不充分，损坏三元催化器、氧传感器等贵重部件，会造成巨大的经济损失。

另外，当滤清器软管出现由泥尘、机油等污垢造成的老化或裂痕时，需要及时更换该软管。

1. 燃油滤清器选购注意事项

（1）选购前，请务必核实车型、排量等信息，确保买到正确型号的配件。

（2）选用优质的燃油滤清器，劣质燃油滤清器往往会使供油不畅，汽车动力不足甚至熄火。杂质没有过滤，时间长了油路和燃油喷射系统也会因腐蚀而受损。

（3）当感觉车速明显降低，发动机加速不良，汽车行驶无力时，需要考虑燃油滤清器是否已经堵塞了，应及时检查。

2. 燃油滤清器故障排查

在确定车辆的燃油滤清器有故障之后，一定要对其进行更换。与燃油滤清器故障相关的一些症状包括如下几种。

（1）发动机在行驶时（尤其是加速时）无力。

（2）发动机怠速不稳定，抖动。

（3）汽车无法起动。

（4）汽油油耗增大。

（5）汽车停车就无故熄火。

三、喷油器

喷油器是电控燃油喷射系统中的重要执行器，主要功能是根据 ECU 的指令，控制燃油喷射量。喷油器是一种加工精度非常高的精密器件，要求其动态流量范围大，雾化性能好，抗堵塞、抗污染能力强。电控燃油喷射系统一般采用电磁式喷油器。单点喷射系统的喷油器安装在节气门体空气入口处，多点喷射系统的喷油器安装在各缸进气歧管或气缸盖上的各缸进气道处，如图 3-22 所示。

在发动机运行过程中，发动机控制模块根据各种传感器输入的信号，确定合适的喷油时刻和喷油脉冲宽度，并向喷油器提供搭铁信号使喷油器开始喷油，切断搭铁信号使喷油器停止喷油。喷油器的结构和工作控制原理如图 3-23 所示。

喷油器喷油量的大小取决于针阀的升程、喷孔的截面积、燃油系统和进气歧管气体之间

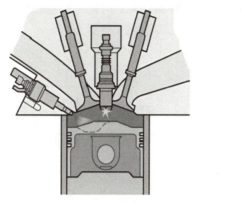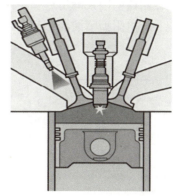

图 3 – 22 喷油器的安装位置

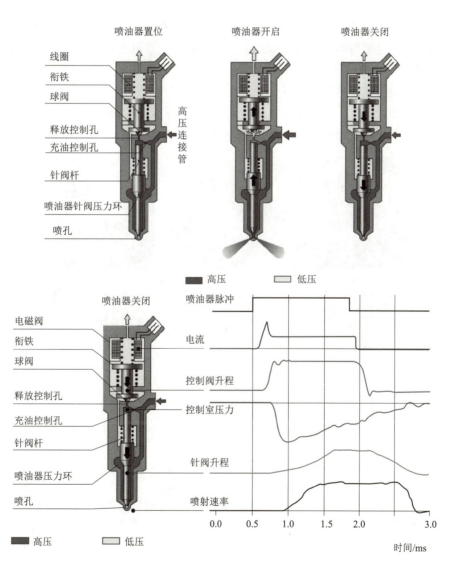

图 3 – 23 喷油器的结构和工作控制原理

的压差等因素，当这些因素确定后，喷油量就是由针阀的开启时间，即电磁线圈的通电时间的长短来决定。低电阻型喷油器和高电阻型喷油器如图 3–24 所示。

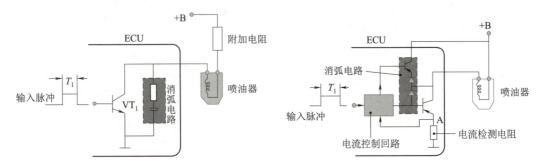

图 3–24　低电阻型喷油器和高电阻型喷油器

采用不同的喷油器，喷孔的数量、形状不同，喷射的燃油形态、雾化性能也不一样。不同类型的喷油器与其喷射的燃油形态如图 3–25 所示。发动机工作过程中由于高温使喷油器的表面或孔隙产生积炭，同时较多的胶质也会在长期使用中沉积在喷油器内壁和针阀表面，影响喷油效果，使喷油器堵塞、粘连，造成喷油渗漏、雾化不良，甚至不喷油，从而造成油耗增加、发动机动力下降、怠速不稳、加速不良等现象。若喷油器堵塞则需要超声波清洗或者更换。喷油器积炭堵塞前后对比如图 3–26 所示。

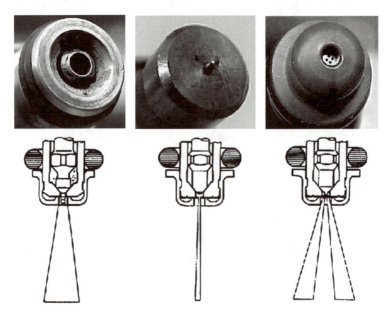

图 3–25　不同类型的喷油器与其喷射的燃油形态

喷油器的清洗时间并没有固定答案，要根据车况和平时所加的燃油质量来确定。一般来说，大多建议用户行车 2 万 ~3 万 km 进行清洗。车况好、燃油质量好可以延长到 4 万 ~6 万 km。喷油器清洗的方法有两种：一种是免拆清洗，还有一种就是拆装清洗。

缸内直喷由于采用超高压，喷油脉冲宽度很窄。在一次压缩行程中，可以多次喷射燃油，实现分层燃烧和稀薄燃烧，发动机的燃烧效率更高。高压喷射汽油在缸内直接雾化，

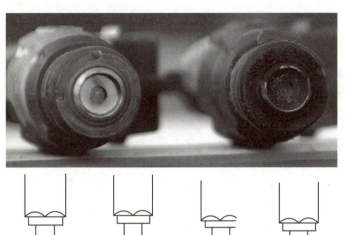

使用仪器检测喷油器

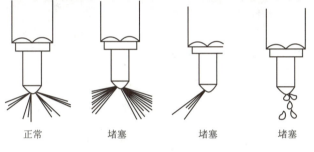

正常　　　　　堵塞　　　　　堵塞　　　　　堵塞

图 3 – 26　喷油器积炭堵塞前后对比

可在一定程度上降低燃烧室温度和爆振倾向，对涡轮增压汽车的影响更为显著。直接喷入气缸的混合物直接在燃烧室内进行，混合时间短，混合效果一般；由于高压汽油喷射雾化，在汽车冷态时容易在气缸壁上凝结，燃烧不足产生积炭，甚至出现增油现象；气门后部没有汽油清洗，这更容易导致气门上积炭。缸内直喷对喷油器、高压油轨、高压油泵等设备有较高的要求。混合喷射综合了缸内直喷和进气管道喷射的优点，拥有两套喷射系统，包括缸内直喷和歧管喷射。在不同工况下，两种喷射系统通过协同工作来响应燃油喷射的需要，因此在理论上无论是雾化效果、动力性能、节能需求还是污染物控制都是最佳的。喷射系统的喷射方式和喷油器安装位置如图 3 – 27 所示。

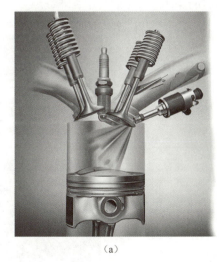

（a）

（b）

图 3 – 27　喷射系统的喷射方式和喷油器安装位置

（a）缸内直喷；（b）混合喷射

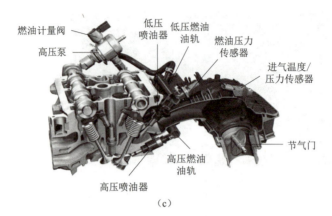

图 3 – 27　喷射系统的喷射方式和喷油器安装位置（续）

（c）喷油器安装位置

任务实施

操作　燃油压力的检测、燃油滤清器的更换与喷油器的检修

燃油压力检查

1. 操作步骤

燃油压力检测如表 3 – 5 所示。

表 3 – 5　燃油压力的检测

步骤	操作方法	图示
1	关闭点火开关： 检查油箱内燃油应足够，点火开关旋到 OFF 挡	
2	安装燃油压力表： 将专用油压表连接到燃油系统中。有油压检测阀的直接将其接在油压检测阀上，没有油压检测阀的可先释放燃油系统压力，再断开进油管接头，接入三通接头，在三通接头上接上油压表	
3	动态测试： 起动发动机，怠速运转，检查油压表指示压力应符合厂家标准，多点喷射系统的燃油压力应为 0.25 ～ 0.35 MPa	正常工作油压

步骤	操作方法	图示
4	拔开油压调节器上的真空软管，并用手指堵住进气管一侧的管口，检查油压表指示值，油压应上升 0.05 ~ 0.06 MPa	

1）燃油压力分析

（1）燃油压力过高。若油压表指示压力过高，拔下燃油压力调节器上的真空软管，然后重新接上燃油压力调节器上的真空软管，检查油压表指示压力应略有下降（约 0.05 MPa），否则应检查真空管路是否堵塞或漏气；若真空管路正常，应检查回油管路是否堵塞；若回油管路正常，说明燃油压力调节器有故障，应更换。

（2）燃油压力过低。若燃油系统压力过低，可夹住回油软管以切断回油管路，再检查油压表指示压力，若压力上升至 0.4 MPa 以上，说明燃油压力调节器有故障，应更换；若压力仍过低，应检查燃油系统有无泄漏，燃油泵滤网、燃油滤清器和燃油管路是否堵塞，若无泄漏和堵塞故障，应更换燃油泵。

（3）残压保持不住。发动机运行后熄火，等待 10 min 后，观察油压表压力：多点喷射系统应不低于 0.20 MPa。若压力过低，应检查燃油系统是否有外泄漏，若无外泄漏，说明燃油泵出油阀或燃油压力调节器回油阀或喷油器密封不良。

2）燃油滤清器的更换

在更换之前做好准备工作，首先要准备适合原车型号的燃油滤清器，其次是准备使用的工具，通常要用到的工具包括：接油杯、密封红胶、油管卡箍、钳子、螺丝刀等。注意不能穿化纤衣服，以防静电的放电火花。

燃油滤清器的更换操作如表 3-6 所示。

表 3-6　燃油滤清器的更换

步骤	操作方法	图示
1	准备举升车辆的操作说明：接过钥匙，检查车辆状况，移动汽车到举升维修工位	
2	更换燃油滤清器前准备工作操作说明：拔出汽车钥匙，断开汽车蓄电池电源负极。 注意事项：断电的目的是防止拆卸过程产生电火花点燃汽油，并泄掉油泵的汽油压力	

步骤	操作方法	图示
3	拆卸燃油滤清器： 一般燃油滤清器的位置有在发动机舱内、在油箱内、在底盘内三种情况。 情况（1）：燃油滤清器在发动机舱内的更换步骤及方法。 具体操作步骤如下。 ①打开发动机盖确认燃油滤清器位置（一般在发动机附近，沿着喷油管查找）。 ②拔掉电插头，再使用适合的工具套筒松开卡环，拆卸滤清器。 拆卸注意事项如下。 ①拆卸前需要先释压，防止燃油管内燃油喷出。 ②最好选择在冷车时更换，管内压力较低。更换时用干毛巾包裹漏出的汽油。 情况（2）：燃油滤清器在油箱内的更换步骤及方法。 具体操作步骤如下。 ①拆卸后排座椅，清除盖板上表面灰尘。 ②拆卸输出和输入油管。 ③使用油箱盖拆卸器拆开盖板，就能看到油箱口处的燃油滤清器（部分车辆要把油箱拆下，再进行更换），取出燃油滤清器总成（燃油滤清器和汽油泵一体）。 ④用工具把连接燃油滤清器输出和输入油管接头拆下并更换燃油滤清器。 注意事项如下。 ①远离烟火。 ②防止汽油飞溅出来。 情况（3）：燃油滤清器在底盘内的更换步骤及方法。 拆卸注意事项如下。 ①拆卸前最好先释放汽油压力，用杯子装或毛巾包裹油管防止汽油喷出。 ②最好是在冷车状态下拆装，以免排气管过热，点燃汽油，并且冷车状态下油压低更好拆卸	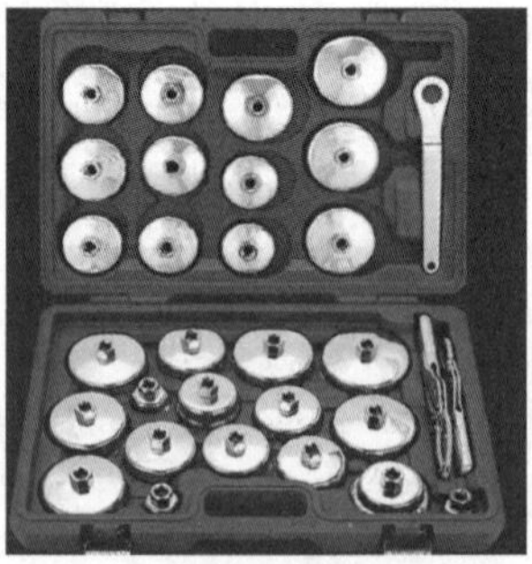 帽式滤清器拆装工具 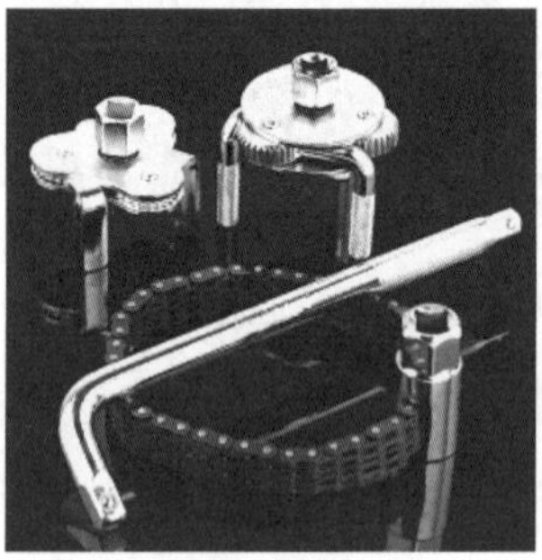 三爪式滤清器拆装工具
4	清洁残留汽油污渍操作步骤如下。 ①拔出卡位。 ②拆下进出油管，使用棉布擦净燃油滤清器油管（出油管、进油管）接口处的污物。 注意事项：应避免污物进入油管内，还应使用正确的工具拆卸固定支架	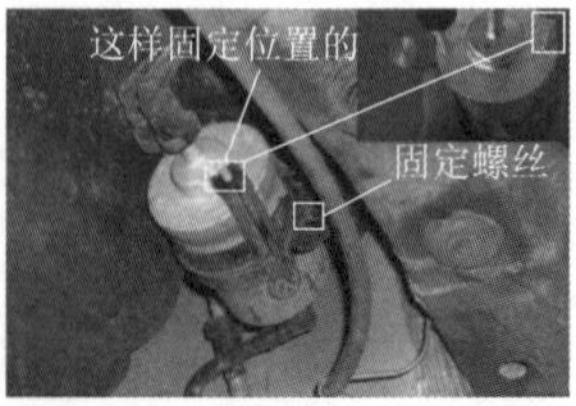 这样固定位置的 固定螺丝

步骤	操作方法	图示
5	安装燃油滤清器具体操作说明如下。 ①有箭头方向的一端连接出油管，延伸至发动机，另一端是进油管，用于连接油箱延伸管路。安装前确认进、出油软管无老化、裂纹现象，然后插接油管。 ②操作举升机降下汽车，连接蓄电池负极电缆，并以标准力矩拧紧负极电缆固定螺栓，然后建立燃油系统油压。 注意事项：部分燃油滤清器无指向要分清出油管和回油管	燃油滤清器的更换要注意箭头方向
6	测试燃油系统油压操作步骤：打开汽车点火开关，接通油泵电源，恢复燃油压力（不着车）。注意事项：恢复燃油压力只需接通电源，先检查油管渗漏，再打开发动机，预防危险	
7	检查接口是否有渗漏操作方法：检查燃油滤清器的进、出油管处是否存在燃油渗漏，然后进行路试确认反复检查。如果路试没有泄漏并且油压正常，即完成燃油滤清器的更换和拆装工作	

喷油器的故障表现主要有：针阀处过脏、堵塞、磨损、泄漏，电磁线圈损坏，雾化状况不好，安装有问题等。此外，各缸喷油器的喷油量相差太大，也会造成整个发动机工作不稳的情况。喷油器的检修如表 3 – 7 所示。

使用仪器检测喷油器

表 3 – 7　喷油器的检修

步骤	操作方法	图示
1	喷油器的检查步骤如下。 喷油器工作情况的检查： 喷油器的工作情况可通过检查喷油器的工作声音和发动机转速的变化来了解。 ①发动机运转时用手指接触喷油器，应有脉冲振动的感觉； ②用旋具或听诊器与喷油器接触，应能听到其有节奏的工作声，否则表明喷油器工作不正常，应对喷油器和控制电路做进一步的检查； ③采用断油方法检查，当拔下某缸喷油器线束插头时，该缸喷油器停止喷油，发动机转速立即下降且抖动，这表明该喷油器工作正常；否则表明不工作或工作不良，应做进一步的检查。若喷油器针阀完全被卡死，则应更换喷油器	

项目三　汽车发动机的维护与保养

步骤	操作方法	图示
2	喷油器电磁线圈电阻的检查： 检查时拔下喷油器线束插头，用万用表测量其接线柱间的电阻。在 20 ℃时，高阻喷油器线圈电阻值为 12 ~ 17 Ω，低阻喷油器线圈电阻值为 2 ~ 3 Ω，否则应予以更换。冷机和热机电阻值可能相差 4 ~ 6 Ω	
3	检查喷油器： 喷油器的检验应在喷油器超声波清洗机上进行，如右图所示。在喷油器超声波清洗机上不但可以清洗喷油器，而且可以检查喷油器有无漏油的现象，以及各喷油器喷油量和喷雾质量。喷油器的漏油量应少于 1 滴/min，否则应予以更换。车上各喷油器的喷油量根据车型不同标准值也不一样，一般为 50 ~ 70 mL/15 s。每个喷油器应重复测量 2 ~ 3 次，各缸喷油器的喷油量误差值应小于其喷油量的 10%，否则应加以清洗或更换。在检查喷油量的同时应观察燃油雾化情况	
4	检查喷油器控制电路： 喷油器控制电路一般由点火开关或主继电器供电，由 ECU 控制喷油器的搭铁回路。检查方法如下： ①拔下喷油器连接器插头。 ②接通点火开关，不要起动发动机。 ③测量喷油器控制线连接插头上电源线的电压，应为 12 V。若无电压，检查点火开关、熔断器或主继电器及线路； ④检查 ECU 的喷油器控制搭铁线及 ECU 搭铁线，搭铁是否良好； ⑤检测电磁喷油器的控制脉冲信号	 喷油器标准波形

2. 学生训练结束场地的整理及总结（包含 7S 项目）

7S 项目管理是指作业过程中的整理、整顿、清扫、清洁、素养、安全和节约过程，是保持实训车间环境、提高工作效率、节约资源、实现轻松愉快和可靠工作的关键。

（1）套筒扳手、压缩空气机等操作工具的清洁与归位。

（2）清洗剂的回收和工作盘的清洁、整理与归位。

（3）实训车辆和实训场地的清扫、清洁。

（4）指导教师总结本次训练课题，布置实训报告（表 3 - 8）。

表 3 − 8　实训报告

姓名		班级		实训日期	
实训汽车车型			车辆识别代码		
工作任务题目					

主要实训内容记录如下。

实训过程中疑难点记录 （需要教师解决问题）	
实训小结（心得和体会）	
实训作业	（1）喷油器的类型有哪些？如何判断需要清洗喷油器？ （2）燃油压力大小和发动机的运行有什么关系？ （3）燃油滤清器堵塞会有什么后果？
教师评语	

任务 3　点火系统的维护

【学习目标】

知识目标	能力目标	思政要素和职业素养目标
（1）了解点火系统的组成； （2）能够进行火花塞的选型； （3）熟悉火花塞的更换操作	能够进行火花塞的检测与更换	（1）树立正确的学习观、价值观，自觉践行行业道德规范； （2）遵规守纪，团结协作，爱护设备，钻研技术； （3）发扬一丝不苟、精益求精的工匠精神

【任务引入】

客户报修：

一辆新桑塔纳 1.6 L 汽车，行驶了 10 万 km，冷车不易起动，起动后怠速不稳，热车后加速，车速超过 120 km/h 后提速困难。客户反映前不久才做了保养，更换过火花塞，清洗过燃油系统。

分析原因：

发动机冷起动效果差可能是发动机积炭严重、点火系统问题、油压不稳。通过对 4 个缸的点火波形进行读取分析，发现缸 1 点火模块工作不良，更换缸 1 点火模块，点火效果恢复正常，路试正常。

【相关知识】

一、点火系统

点火系统是发动机管理系统的重要组成部分，如图 3 – 28 所示。其作用是将汽车电源提供的低压电转为高压电，并按照发动机各缸的点火顺序和点火时刻的要求，适时准确地将高压电送至各缸的火花塞，使火花塞跳火，点燃气缸内的可燃混合气。

发动机对点火系统的要求如下。

（1）应能产生足以击穿火花塞间隙的电压。点火系统利用高压电击穿火花塞电极间隙而产生电火花，为了确保发动机在工作时火花塞的电极间隙处能产生可靠电火花，要求点火系统必须能提供 10～30 kV 的电压，但电压也不能过高，以免绝缘不良而产生漏电。

（2）电火花应具有足够的能量。要使可燃混合气可靠点燃，电火花必须具有一定的能量。可燃混合气压缩终了的温度已接近其自燃温度，所需的电火花能量很小（1～5 MJ）。在发动机正常工作时，需要 10～50 MJ 的电火花能量。但在发动机低温起动时，因可燃混合气雾化不良，需较高的电火花能量。为了保证发动机可靠点火，一般要求电火花的能量在

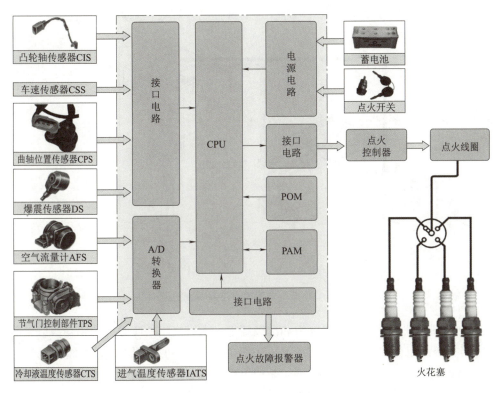

图 3 - 28　汽车点火系统的组成及工作原理

100 MJ 以上。

（3）点火时刻应能适应发动机工况。点火系统应按发动机的工作顺序进行点火，如四缸发动机的点火顺序为 1—3—4—2，六缸发动机的点火顺序为 1—5—3—6—2—4，且必须在最佳时刻点火，使发动机发生的功率最大、油耗最低、排放污染最小。点火正时（最佳点火时刻）如图 3 - 29 所示。

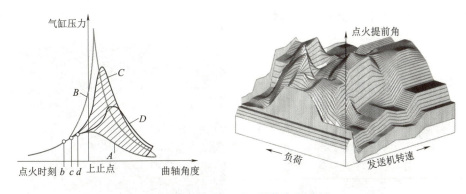

图 3 - 29　点火正时（最佳点火时刻）

（4）工作要可靠。点火系统除在正常的工作条件下工作可靠外，在一些特殊的条件下，如高温、低温、潮湿、高原等环境下工作也很可靠。

无分电器微机控制点火系统去掉了传统的分电器（主要指配电器），称为直接点火系统，如图 3 - 30 所示。工作时，点火线圈产生的高压电直接送至各火花塞，由微机根据各传感器输入的信息，依照发动机的点火顺序，适时地控制各缸火花塞点火。

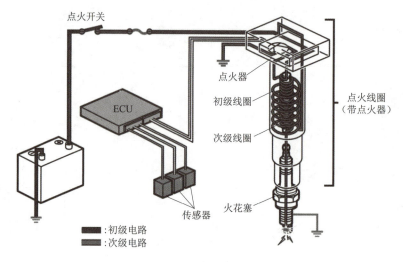

图 3-30　无分电器微机控制系统的组成

在点火线圈的铁芯上绕有初级绕组和次级绕组，次级绕组的匝数大约是初级绕组匝数的 100 倍（当初级绕组为 300 匝时，次级绕组为 30 000 匝），初级绕组与蓄电池和点火器连接，次级绕组与火花塞连接。当点火器控制切断初级绕组的电流时，初级绕组产生的自感电动势为 500 V 左右，次级绕组产生 30 000 V 左右的互感电动势。

二、火花塞

火花塞：将点火线圈产生的高压电引入发动机的燃烧室内，通过本身的间隙产生电火花放电，点燃可燃混合气。火花塞的工作条件十分恶劣，它受到高温、高压及燃烧产物腐蚀的作用，因此，火花塞必须具有足够的强度、良好的绝缘性和耐腐蚀性，能够承受温度的剧烈变化，要有合适的热特性。火花塞实物如图 3-31 所示。

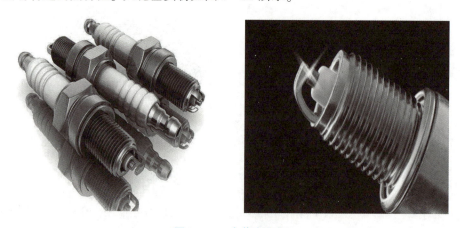

图 3-31　火花塞实物

火花塞是汽车发动机的心脏，但由于这个关键部件隐藏在发动机的燃烧室内，从外部只能看到绝缘体和连接器，所以容易被很多车主忽略掉。事实上，这个不显眼的元件却影响着发动机的起动能力、性能、消耗量和废气排放水平，一支优秀的火花塞可以降低汽车尾气的排放，可见火花塞的作用对于汽车的影响还是很广泛的。

1. 火花塞的工况环境

（1）能承受点火线圈反复输出的 20 000 ~ 30 000 V 高压电。

（2）能承受燃烧室 20 ~ 70 kg/cm^3 反复的爆发压力。

（3）电极材料能承受因燃烧时产生的燃烧生成物 Pb、S、P 等化合物的化学腐蚀。

（4）能承受吸入混合气从冷却温度到燃烧时瞬间在 2 000 ~ 2 500 ℃ 内反复变化。

（5）电极能承受在以上环境长时间（不低于 2 万 km）的正常使用。

火花塞工作温度范围如图 3 – 32 所示。

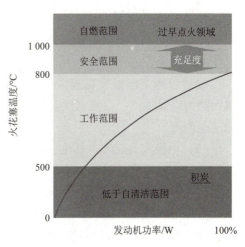

图 3 – 32 火花塞工作温度范围

2. 火花塞的结构

火花塞的结构如图 3 – 33 所示。

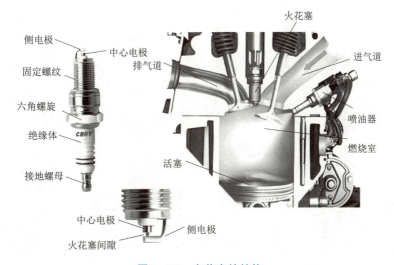

图 3 – 33 火花塞的结构

整体螺杆：牢固地密封在绝缘体中，确保点火线连接器与火花塞有良好的接触。

绝缘体：耐高热、耐高压，保证绝缘性能。

壳体：优质钢冷挤压成型，提供足够的强度，精密滚压螺纹，确保安装并不损伤引擎。

金属玻璃：密封并黏接瓷件、中心电极和接线螺杆，确保火花塞间隙有充分的电压和优良的气密性能（100% 防漏）。

电阻体：降低对无线电信号干扰，降低电极的腐蚀。

密封垫圈：导热，密封。

中心电极：良好的导电、导热性能，耐高温，耐腐蚀。

侧电极：良好的导电、导热性能，耐高温，耐腐蚀。

3. 火花塞的类型

（1）准型火花塞：其绝缘体裙部略缩入壳体端面，侧电极在壳体端面以外，是使用最广泛的一种火花塞。

（2）缘体突出型火花塞：绝缘体裙部较长，突出于壳体端面以外。它具有吸热量大、抗污能力好等优点，且能直接受到进气的冷却而降低温度，因而也不易引起炽热点火，故热适应范围宽。

（3）电极型火花塞：其电极很细，特点是火花强烈，点火能力好，在严寒季节也能保证发动机迅速可靠地起动，热范围较宽，能满足多种用途。

（4）座型火花塞：其壳体和旋入螺纹制成锥形，因此不用垫圈即可保持良好的密封，从而缩小了火花塞的体积，对发动机的设计更为有利。

（5）极型火花塞：侧电极一般为两个或两个以上，优点是点火可靠，间隙无须经常调整，故在电极容易烧蚀和火花塞间隙不能经常调节的一些汽油机上经常采用。

（6）面跳火型火花塞：即沿面间隙型，它是一种最冷型的火花塞，其中心电极与壳体端面之间的间隙是同心的。

火花塞的类型如图 3 - 34 所示。

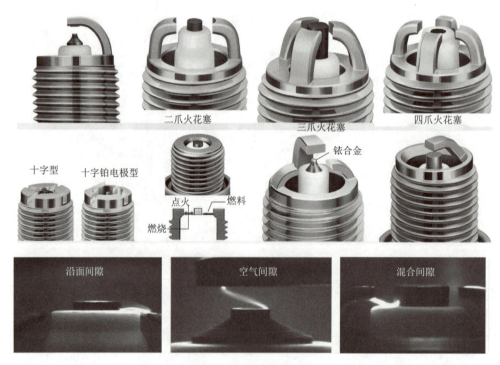

图 3 - 34　火花塞的类型

4. 火花塞按材质分类

（1）铂金火花塞。铂金火花塞最大的特点是寿命长，耐久性好，适合更恶劣的工况。由于铂金火花塞的中心电极较细，根据尖端放电的原理，电极尖更容易集积较多的电能，电火花更容易跳过两极之间的间隙。这表明在冷机至正常工作时，它有着良好的点火性能。铂金电极还有一个优点，就是铂金具有较低的电子发射势垒，即在同样大小的放电间隙和电极尺寸的条件下，跳过铂金电极间隙所要求的电压较低。汽油机在起动和急加速运转时，点火线圈产生的二次电压较低，若采用铂金火花塞，它的铂电极仍能够跳出稳定的火花，保证汽油机的起动性、怠速稳定性和急加速性。（熔点：1 772 ℃）

（2）铱金火花塞。铱金火花塞由于材质的强度高、硬度高，而且响应速度快，不容易积炭，所以能够把电极做得比普通火花塞小很多。所以用铱金做的火花塞具有很大的优势，它的高熔点性能可以使其使用在各种大功率的发动机上，可以容忍更高的温度而不至于使电极熔化，烧毁。因为其具有的高硬度，可以使其在火花塞上做得更细。细电极使点火更为集中，能量更强，火花塞路线更稳固，有效地提升燃烧的效力和效度。（熔点：2 454 ℃）

（3）铱铂金火花塞。铱铂金火花塞拥有出色的点火性能，中心电极采用铱金、侧电极采用铂金材质。这类火花塞能提高燃油效率以及降低废气排放。

（4）镍合金火花塞。镍合金做火花塞电极是非常好的材料，镍在强度、硬度、电阻、熔化温度、耐腐蚀性等方面具有优势。镍合金由于容易积炭，为了延长使用时间，一般会把电极表面做得比较大，这样被积炭覆盖的时间就会延长，从而延长了使用寿命。而对于价格较低的经济型轿车，它的设计取向更多的是经济性。而作为镍合金的火花塞，完全可以满足这类车型的工作需求。（熔点：1 453 ℃）

（5）钇金火花塞。由钇金属做成的火花塞，侧电极与中心电极相比不易磨损，所以在火花塞的整个使用寿命中保证了侧电极可靠点火的优势，价格比较经济，将逐渐取代镍合金火花塞成为未来经济型火花塞的主流。（熔点：1 522 ℃）

（6）银合金火花塞。中心电极使用银合金为材料的火花塞，杰出的点火可靠性以保护发动机和三元催化器，点火成功率是普通火花塞的 2 倍。（熔点：961.78 ℃）

5. 火花塞的三大核心参数（热值、点火间隙、安装扭力）

1）火花塞热值

火花塞热值实际上是指火花塞自身受热和散热能力的一个指标，其自身所受热量的散发量称为热值。影响火花塞热值的主要因素是火花塞裙部的长度。裙部较长时，受热面积大，吸收热量多，而散热路径长，散热慢，裙部温度较高，这种火花塞称为"热型"火花塞。反之，当裙部较短时，吸热少，散热快，裙部温度较低，这种火花塞称为"冷型"火花塞。

"热型"火花塞适用于压缩比较低、发动机转速较低的发动机，能保持更多的热量，确保烧掉沉积物，预防积炭，有助于冷起动。"冷型"火花塞适用于高压缩比和高性能发动机，具有良好的散热能力，降低烧蚀风险，预防过热，避免自点火。热型和冷型火花塞如图 3 – 35 所示。

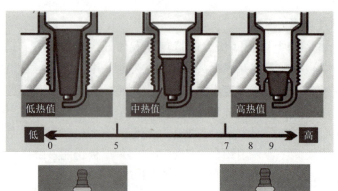

低热值 　　中热值 　　高热值

低 ← 0　　5　　7 8 9 → 高

较大的吸热面
散热路径长，散热能力差

较小的吸热面
散热路径短，散热能力强

图 3 – 35　热型和冷型火花塞

火花塞太冷和太热的后果分别如图 3 – 36、图 3 – 37 所示。

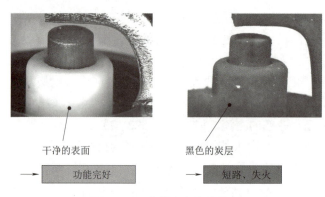

干净的表面　　　　黑色的炭层

→ 功能完好　　　→ 短路、失火

图 3 – 36　火花塞太冷的后果

拆装检查火花塞

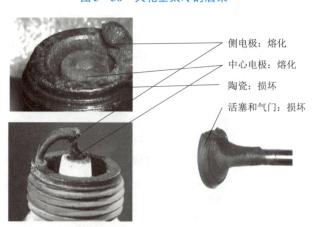

侧电极：熔化
中心电极：熔化
陶瓷：损坏
活塞和气门：损坏

图 3 – 37　火花塞太热的后果

2）火花塞间隙

汽车火花塞上中心电极（正极）和接地电极（负极）之间的最短距离叫做电极间隙，也叫点火间隙、火花塞间隙。汽车厂商及发动机制造商指定了相关的最佳电极间隙，即每款车每个引擎都有自己相对应的最佳火花塞的电极间隙。一般来说，汽车火花塞间隙为 0.6～1.5 mm，不正确的间隙可能对火花塞的机能和发动机的性能产生很多有害的影响。

火花塞间隙之间从点火到混合气的燃烧过程，可以分为 4 个阶段，如图 3-38 所示。

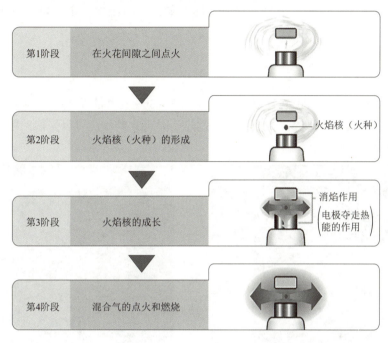

第1阶段	在火花间隙之间点火
第2阶段	火焰核（火种）的形成
第3阶段	火焰核的成长
第4阶段	混合气的点火和燃烧

图 3-38 混合气燃烧的 4 个阶段

火花塞间隙小——容易产生火花，但电极间产生的电弧短，火花少，点火能力弱。

优点：有利于车辆冷起动点火，起步响应更快，低转速时提速更有力。

缺点：电极间隙过小，产生的电弧短，火焰核形成后离电极较近，消焰作用明显，使得混合气燃烧不完全，容易产生积炭，增加油耗。

火花塞间隙大——需要更强的电压产生火花，但电极间产生的电弧长，火花多，点火能力强。

优点：火花塞间隙大，电弧长，点火能力强，故气缸内的混合气能够得到充分燃烧，车辆行驶时也更省油。通常情况下压缩比越大、点火强度要求越高的发动机要求的点火间隙越大，"大"的标准则依照制造厂相关标准说明。

缺点：火花塞间隙大小主要根据高压线圈输出电压的冗余量来确定，从理论上讲，间隙越大，电弧越长，点火能量越大。如果超出了高压线圈输出高压电的冗余量，就适得其反，不仅不能提高火花塞点燃混合气的能量，反而会因高压电不足，造成火花塞丢火缺缸，低转速时收油挫车；同时也会使高压线，特别是高压线圈长时间处于超负荷运行状态，轻者输出电压不能使火花塞有效地击穿混合气放电，严重时会造成点火线圈因超负荷而发热，导致内部短路或断路而损坏。车子长时间使用，火花塞的点火间隙会随着电极的消耗自然增大，导致点火成功率降低，冷车较难起动，影响动力性，发动机容易发生抖动。

3）火花塞安装扭力

（1）安装扭力过小：火花塞安装不到位，造成密封圈未紧密接触到气缸盖安装端面，点火电极处的热量就无法通过密封圈传到气缸盖散热，从而造成火花塞的温度超过正常的工作温度，造成炽热点火产生爆振和火花塞电极烧蚀，甚至会直接熔断在气缸内击穿活塞和气门，严重损坏发动机。

（2）安装扭力过大：火花塞安装过力，会损坏气缸盖和火花塞螺纹，火花塞瓷件和壳体分离，瓷件破裂，从而导致密封不好使气体泄漏，缸内压力不足，燃烧室里的燃烧不稳定，发动机抖动，动力严重下降。

6. 常见故障与分析

1）火花塞绝缘体端部呈浅褐（灰）色

这种故障现象表明热值正确且点火正常（图3-39），供油及点火系统工作有效，发动机系统良好，没有燃油或机油沉积物，没有过热。对于此类故障可以采取的维保措施：按正确的使用寿命及时更换火花塞。

图3-39　点火正常的火花塞

2）爆振工况下的火花塞

火花塞的故障现象如下。

①轻微的爆振会使绝缘体上产生黑/灰色污点，如图3-40所示。

②严重的爆振会导致绝缘体破裂甚至振碎绝缘体。

分析造成火花塞呈现这种现象的原因：爆振是由燃烧室不正常的爆燃导致的，爆燃通过燃烧室发出冲击波，提高了火花塞点火端的温度。爆燃的原因常有以下几种。

①无效的EGR系统和爆振传感器。

②混合气过稀。

③不正确的燃油辛烷值或点火提前角。

如果不及时更换和处理这种火花塞的后果：相同的振动

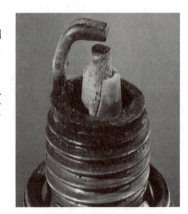

图3-40　爆振工况下的火花塞

（爆振）也会损坏其他发动机零部件，如活塞、气门等。

建议维保措施：检查发动机系统，更换火花塞。

3）火花塞上有沉积物

如果火花塞绝缘体鼻端出现红色、褐色或紫色沉积物（图3-41），表明燃油中含有过量的 MMT 添加剂，使用显微镜可以在绝缘体鼻端表面看到清晰的爬电痕迹。

图3-41　火花塞上有沉积物

造成火花塞呈现这种现象的原因：常温下这些沉积物是不导电的，但温度升高到600 ℃以上该沉积物会熔融导电，造成发动机在高速运行时的失火和功率损失。

维保措施建议：使用合格的燃油，更换火花塞，换信誉和品质好的加油站。

4）火花塞陶瓷部分"爬电"

火花塞呈现的故障现象：绝缘体上出现垂直于铁壳方向黑色的燃烧痕迹（图3-42）。

故障原因分析：由于安装不好或点火线绝缘套老化，导致点火高压沿着瓷体外部接地。这种故障将会导致发动机失火。

可以采取的维保措施：更换受影响的火花塞及分缸线。

5）电极烧损

火花塞的故障现象：

烧损变圆（图3-43）的中心电极和侧电极表明过度烧损，这是正常的损耗。

图3-42　火花塞陶瓷部分"爬电"　　　图3-43　电极烧损

不及时处理的后果如下。

增大的间隙会增加点火系统的负荷，造成失火，增加油耗和损坏点火系统的部件。

维保措施：更换相同热值的火花塞。

6）火花塞电晕放电

火花塞电晕放电是指靠近铁壳的绝缘瓷体变色（图3-44），原因是机油/空气中的微粒

（火花塞安装孔内）在点火高压流经火花塞时产生的磁场下吸附在陶瓷体上。这种情况对火花塞工作没有有害的影响。

维保措施：更换火花塞时保持火花塞安装孔清洁。

7）火花塞过热

火花塞过热的现象（图3-45）：

①绝缘体变白（没有褐色），靠近电极有凹坑或起泡，表明火花塞过热。

②有时绝缘体变灰白或深蓝色。

可能的原因如下。

①火花塞热值不正确、混合气体过稀或点火正时不正确。

②注意排放控制或发动机过热。

维保措施：检查发动机工况，更换火花塞。

图3-44　火花塞电晕放电　　　　　图3-45　火花塞过热

8）机油油污

火花塞有机油油污的现象（图3-46）如下。

①机油进入燃烧室就有可能会出现机油油污。

②机油沉积物覆盖火花塞会使火花塞无法通过间隙跳火，而是通过机油从更短的路径跳火到侧电极，其原因是发动机过度磨损。

维保措施：定期检查发动机，若出现过度磨损应更换配件。

9）火花塞积灰

中心电极及侧电极表面覆盖的浅褐色沉积物是积灰（图3-47）。积灰是由于过多的机油添加剂引起的。

分析火花塞过热的原因如下。

①如果积灰在火花塞的半边，意味着发动机上部磨损严重（如气门、油封、缸盖）。

②如果积灰包围电极，意味着发动机下部磨损严重（如缸体、活塞）。

积灰可以引起自点火，造成功率损失或损坏发动机。

维保措施：发动机大修，更换火花塞。

图 3 – 46　机油油污

图 3 – 47　火花塞积灰

10）火花塞积炭

火花塞上有松软、乌黑的沉积物表明有积炭，如图 3 – 48 所示。

可能的原因如下。

①燃油空气混合气调整不正确，空气滤清器太脏，节气门太脏等。

②车辆行驶距离太短（尤其是高挡位低转速时），发动机温度过低，燃烧不完全。

③燃油质量低劣或燃油变质，燃烧不正常。

④火花塞太冷、热值太低。

炭的沉积物可以导电，并造成火花塞失火。

维保措施：更换火花塞，检查发动机的燃油和点火系统。

11）发动机提前点火引起的火花塞烧蚀

发动机提前点火引起的火花塞烧蚀现象如图 3 – 49 所示，其原因如下。

图 3 – 48　火花塞积炭

图 3 – 49　发动机提前点火引起的火花塞烧蚀

①中心电极被烧熔，起泡或过热都可能是提前点火的征兆。

②当点火端超过它的极限温度时，随时会出现提前点火。火花塞热值不正确，混合气过稀或点火提前角过早，废气再循环系统和点火线的互感都可能导致提前点火。

维保措施：万一出现严重的提前点火迹象，一定要检查发动机的其他零部件。

某汽车 APP 中显示的火花塞保养要求如图 3 – 50 所示。

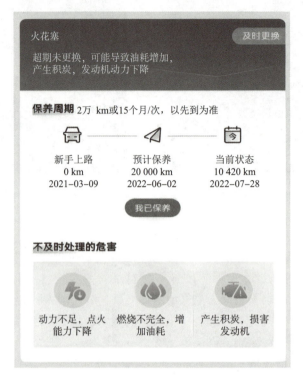

图 3 – 50　某汽车 APP 中显示的火花塞保养要求

任务实施

操作　火花塞的更换

1. 操作步骤

火花塞的更换操作如表 3 – 9 所示。

表 3 – 9　火花塞的更换

步骤	操作方法	图示
1	工具准备：拆卸火花塞需要扳手、长接杆和六角套筒。汽车上的火花塞一般用 16 mm 的六角套筒拆卸	

步骤	操作方法	图示
2	发动机冷却后方可拆卸。先清理点火线圈及其附近的灰尘和油污，然后拔下点火线圈的线束插头，用套筒拧下点火线圈的固定螺栓	
3	拔出点火线圈。一些车型的点火线圈和缸体之间用橡胶密封，拔出时需要用点力	
4	取下点火线圈后，用套筒把火花塞拧松。当旋松所要拆卸的火花塞后，用一根细软管逐一吹净火花塞周围的污物，以防火花塞旋出后污物落入燃烧室内	
5	取出火花塞。将之前拆下来的点火线圈插在已拧松的火花塞上，将火花塞取出。 小技巧：使用带磁性的套筒也可在拆卸火花塞时把旋出的火花塞带出。如果没有磁性的套筒，可以在套筒内塞一段较厚的双面胶，也能够把旋出的火花塞带出	
6	火花塞的安装： 安装火花塞时，先将火花塞放到套筒里，然后使用扭力扳手紧固火花塞，一般拧紧力矩为 20 N·m	

项目三　汽车发动机的维护与保养

小技巧：

（1）将火花塞对准缸盖上的火花塞座孔，用手轻轻拧入火花塞。

（2）拧到约螺纹全长的 1/2 后，再用套筒初步旋紧。

（3）拧紧火花塞时，注意套筒及扭力扳手要对正火花塞，同时注意拧紧力矩不能过大，防止损坏火花塞及缸盖火花塞座孔的螺纹。

（4）若拧动时手感不畅，应退出检查是否对正螺口或螺纹中有无夹带杂质，切不可盲

目加力紧固，以免损伤螺孔，殃及缸盖，特别是铝合金缸盖。

（5）应按规定力矩拧紧，过松会造成漏气，过紧会使密封垫失去弹性，同样会造成漏气。锥座型火花塞由于不使用密封垫，一定要规定拧紧力矩。

（6）在安装点火线圈时，注意不要把顺序弄错，按每个缸原来的位置对应安装。

2. 学生训练结束场地的整理及总结（包含7S项目）

7S项目管理是指作业过程中的整理、整顿、清扫、清洁、素养、安全和节约过程，是保持实训车间环境、提高工作效率、节约资源、实现轻松愉快和可靠工作的关键。

（1）套筒扳手、压缩空气机等操作工具的清洁与归位。

（2）清洗剂的回收和工作盘的清洁、整理与归位。

（3）实训车辆和实训场地的清扫、清洁。

（4）指导教师总结本次训练课题，布置实训报告（表3-10）。

表 3-10　实训报告

姓名		班级		实训日期	
实训汽车车型			车辆识别代码		
工作任务题目					
主要实训内容记录如下。					
实训过程中疑难点记录 （需要教师解决问题）					
实训小结（心得和体会）					
实训作业	（1）如何通过外观查看火花塞在使用过程中的不当操作？ （2）火花塞间隙的大小如何影响发动机的工况？ （3）火花塞更换周期是多少？				
教师评语					

任务4 正时装置的维护与保养

【学习目标】

知识目标	能力目标	思政要素和职业素养目标
（1）了解正时装置的作用； （2）掌握正时装置的种类	能进行正时装置的检查与更换	（1）树立正确的学习观、价值观，自觉践行行业道德规范； （2）遵规守纪，团结协作，爱护设备，钻研技术； （3）发扬一丝不苟、精益求精的工匠精神

【任务引入】

客户报修：

一辆景逸 1.5 型汽车行驶了 500 多千米时发动机出现提速"嗒嗒嗒嗒"的响声，4S 店回复是链条的声音没有处理。冷车行驶时很正常，行驶 10 来千米就响了，现在行驶 5 000 多千米越来越响。

分析原因：

汽车正时不对会出现怠速不稳、加速无力、发动机抖动、动力不足，严重时会使发动机的气门和活塞相互撞击，导致发动机损坏。汽车的点火正时会因发动机不同而有所差别，调校点火正时的目的是获得较好的点火时机或初始点火提前角，从而获得良好的发动机效能。该车的故障问题有可能是链条松了、链条张紧器故障，由于冷机油黏度高张紧器能张紧车，热车后机油黏度降低，张紧器张不紧等，应尽快维修调整正时装置，否则时间长了会损坏发动机。

【相关知识】

发动机正时包括配气正时、点火正时、喷油正时，正时装置通常由正时皮带或正时链条、张紧轮、张紧器、定轨、导轨水泵等附件组成，通过发动机的正时机构，让每个气缸做到：活塞向上正好到上止点前的某个角度气门关闭、某个角度火花塞正好点火。发动机配气相位如图 3 – 51 所示。在发动机工作过程中，每个气缸内都在循环进行进气、压缩、爆发、排气 4 个过程，并且每个步骤的时机都要与活塞的运动状态和位置相配合，使进气与排气及活塞升降相互协调起来，正时装置（图 3 – 52）在发动机中扮演了一个"桥梁"的作用，在曲轴的带动下将力量传递给相应机件。

传统的正时装置其配气相位不可变，曲轴转 2 圈，凸轮轴对应转 1 圈，完成一个工作循环，气门打开和关闭的时刻固定，无法满足不同车速、不同发动机转速下对配气相位的要求。正时可变系统根据实时采集的发动机转速、车速信号，可以通过 ECU 电脑板控制执行器，改变凸轮轴相对曲轴转动过的角度，从而改变配气相位，满足不同工况下发动机工作性能最佳的控制。

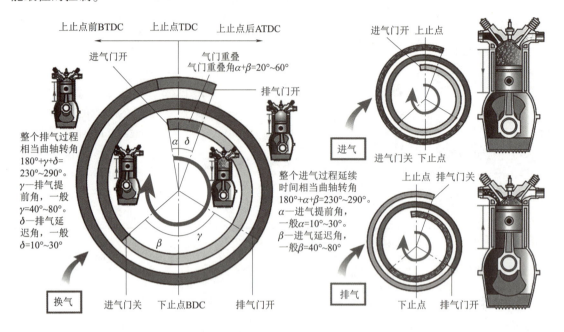

图3－51　发动机配气相位

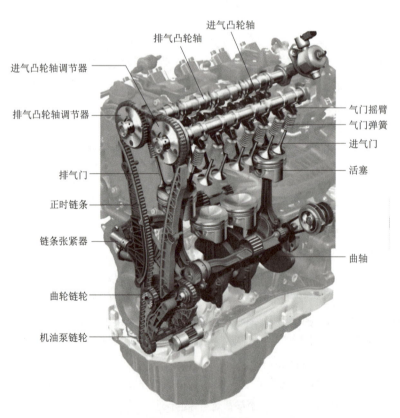

图3－52　正时装置

双独立可变气门正时技术（图 3-53）可同时控制进气门和排气门，适时地排出废气，吸入氧气，让发动机的呼吸节奏趋于完美，促进燃油充分燃烧。

(a)

(b)

图 3-53　不可变正时装置和双独立正时可变气门正时系统
(a) 不可变正时装置；(b) 双独立正时可变气门正时系统

正时装置包括正时带、正时链，而正时链条和正时皮带最大的不同就是它们的制造材料，链条属于金属材质，寿命较长；皮带属于橡胶尼龙材质，寿命较短。另外，正时链条需要机油润滑，工作时会产生一定的噪声；正时皮带则不需要润滑（湿式皮带除外，如标志308S），工作时较为安静，制造和维修成本也较低。

正时皮带一般是橡胶材质，它会随着发动机工作时间的增加发生磨损或老化，所以一般装有正时皮带的发动机到了一定的周期后，都需要更换正时皮带及其附件。

对所有发动机来说，正时皮带是绝对不可以发生跳齿或断裂的。若发生跳齿现象，则发动机不能正常工作，便会出现怠速不稳、加速不良或打不着车等情况；而如果正时皮带断裂，发动机就会立刻熄火，多气门发动机还会导致活塞将顶气门顶弯，严重时会直接导致发动机报废。

正时链条通常为合金材料，安装在发动机内部，有机油润滑，使用寿命理论上是可以到汽车报废，不过其实链条张紧器也是有正常磨损寿命的，要定时检查更换，张紧器的零件价格比换正时皮带套件的低。

正时皮带有噪声小、传动阻力小、发动机动力性和加速性能较好、容易更换等优点，但是容易老化，故障率相对高一点，养护成本也高。

正时链条的优点是使用寿命长、故障率低，当然它也有转动噪声大、油耗略大、性能低的缺点。当然，随着技术的提高，正时链条的缺点也在慢慢地改进，而按照当下的发展趋势来说，正时链条也会被更多地运用。

正时链条和正时皮带多久更换一次？

使用正时皮带的车辆要严格按照更换周期更换，一般在车辆行驶 6 万~10 万 km 时应该更换，具体的更换周期应该以车辆的保养手册标注的为准。

除了皮带之外，张紧轮和惰轮都要更换，有的车还有水泵也要更换，重点是工时费也很高。如果不按时更换，一旦断了，会损坏很多部件，如气门、活塞、连杆等。这些部件受损后，维修费用会更高。

正时链条却很省心，大多数车辆即使一直不更换也不会有问题。它不会断，只有出现故障时才需要更换。更换周期长是链条最大的优点，可以减少车主用车成本。

但它也有缺点，当行驶的千米数较多之后，链条会被拉长，发出比较大的噪声。更换链条的费用非常高，一次就要几千元。有的车型链条的张紧器也会坏，这也会使链条发出响声，甚至跳齿。若发生跳齿则需要重新对正时，工时费很高。因此，如果链条不出故障，则很省心，一旦出了故障，维修费用较高，不过正时链条的车极少有出故障的。

正时链条长期使用后，会出现金属疲劳现象，从而导致链条被拉长；而皮带是由橡胶材质制成的，所以它受环境温度影响较大，长期使用之后就会出现开裂等情况。皮带损坏最直观的现象就是产生裂纹或者断裂，皮带断裂会导致车辆无法起动，如果进行二次起动或者多次起动，则可能导致顶气门故障。相对来说，链条虽然不会断裂，但会出现拉长的现象。如果链条拉长不太严重，车辆会出现起动延迟、异响等故障；如果链条拉长很严重，则会出现跳齿、无法起动、顶气门等故障。

正时链条传动机构位于发动机曲轴前端，正时链条由曲轴驱动，利用液压张紧器张紧。正时链条还受导轨导引，以减小振动和噪声，它通过链轮来驱动凸轮轴、机油泵和平衡轴模块。正时链条由金属材料制成，无须保养。正时链条的运行噪声很小，而且可使用很长时间。如图 3 - 54 所示，曲轴链轮、凸轮轴链轮、平衡轴链轮和正时链条上通常有正时标记。在对链条驱动装置进行调整时，传动轮上的标记必须与两个链条上三个深色的链节对齐。首先将深色的链节放到链条的一侧，这样就只存在唯一的安装位置了。

正时齿带传动机构（图 3 - 55）也位于发动机前端，在拆下正时室盖罩后可见。冷却液泵（水泵）和凸轮轴由曲轴通过正时齿带驱动。在正时齿带传动系统中，有一个自动张紧轮和 1 ~ 2 个导向轮（惰轮）来张紧正时齿带，以减小正时齿带的振动。正时齿带具有结构简单、成本低、噪声小及更换方便等特点，一般在使用 4 万 ~ 6 万 km 后需更换。可变正时气门系统如图 3 - 56 所示。

大众 1.8 L TFSI 发动机的凸轮轴调节机构如图 3 - 57 所示。该调节机构的调节阀（机油控制阀）安装在调节器前端的发动机壳体上。通过调节进气凸轮，可将其调整到相对曲轴 $30° ~ 60°$ 的角度。

发动机控制单元根据空气流量计和发动机转速传感器的信号来计算所需调整的主信号。除此之外，它还将冷却液温度传感器信号作为修正信号进行评价。霍尔传感器信号用来检测进气凸轮的实际位置。调节器的位置由用于调节凸轮轴的电磁阀来确定，并由 ECU 通过一个脉冲宽度的调制信号来控制。停车后，调节器就锁定在延后位置上，该功能是通过一个弹簧锁销实现的。该系统在机油压力达 0.5 bar（50 kPa）时解锁。在发动机转速超过 1 800 r/min 和有负荷要求的情况下，ECU 会改变进气凸轮轴的位置，并提前开启气门，以优化喷油正时。

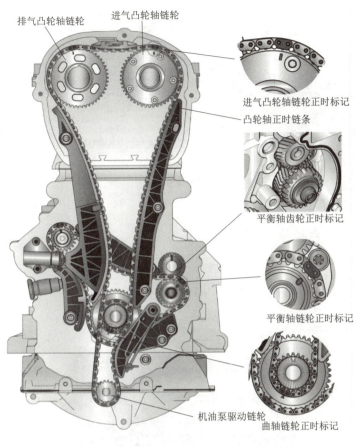

排气凸轮轴链轮　　进气凸轮轴链轮

进气凸轮轴链轮正时标记
凸轮轴正时链条

平衡轴齿轮正时标记

平衡轴链轮正时标记

机油泵驱动链轮
曲轴链轮正时标记

图 3 – 54　正时链条传动机构的正时标记

检查和更换正时链条

凸轮轴带轮

正时齿带

张紧轮　　导向轮

水泵带轮

曲轴带轮

上部正时室罩盖

下部正时室罩盖

图 3 – 55　正时齿带传动机构

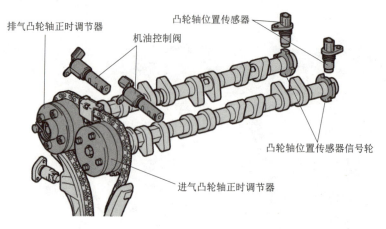

图 3-56　可变正时气门系统

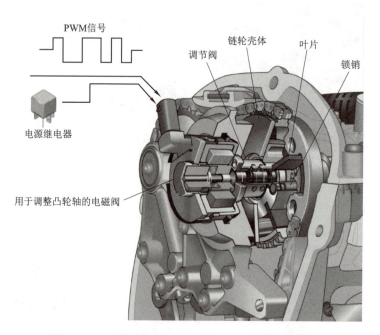

图 3-57　大众 1.8 L TFSI 发动机的凸轮轴调节机构

任务实施

操作　EA888 发动机正时链条的安装

1. 操作步骤

EA888 发动机正时链条的安装操作如表 3-11 所示。

表 3 - 11　EA888 发动机正时链条的安装

步骤	操作方法	图示
1	（1）检查曲轴的上止点，曲轴的平端（如右图中箭头所示）必须水平； （2）用防水记号笔在缸 1 上做标记	
2	用防水记号笔在三级链轮的齿 1 上做标记	
3	将中间齿轮和平衡轴转至标记处（如右图中箭头所示），螺栓 1 不得松开。中间齿轮和平衡轴之间的标记很难看到	
4	放上平衡轴传动链，将彩色链节（如右图中箭头所示）定位到链轮的标记上	
5	安装滑轨 1 并拧紧螺栓（如右图中箭头所示）	
6	将带彩色链节的凸轮轴正时链（如右图中箭头所示）挂到凸轮轴销轴上	

项目三　汽车发动机的维护与保养

步骤	操作方法	图示
7	（1）将机油泵驱动装置的正时链放到三级链轮上 （2）沿如图箭头所示方向将三级链轮向发动机侧翻转并插到曲轴上，标记（如右图中箭头所示）必须相对	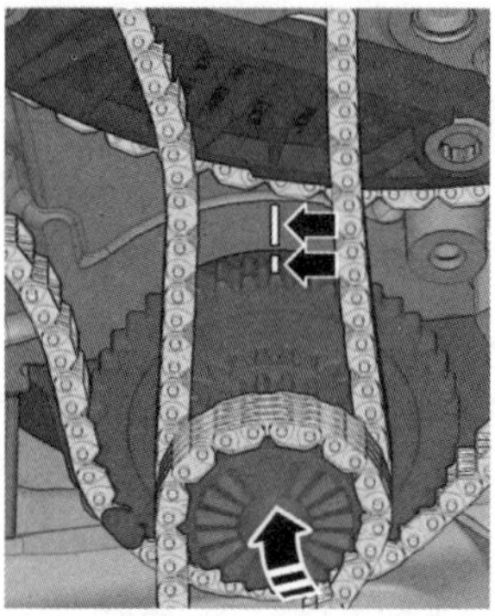
8	（1）将张紧销拧入曲轴并用手拧紧； （2）装上旋转工具。用手拧上带肩螺母。用开口宽度为 32 的开口扳手略微来回移动旋转工具，同时拧紧带肩螺母，直到链轮牢固地装到曲轴啮合齿上，再拧紧夹紧螺栓 A	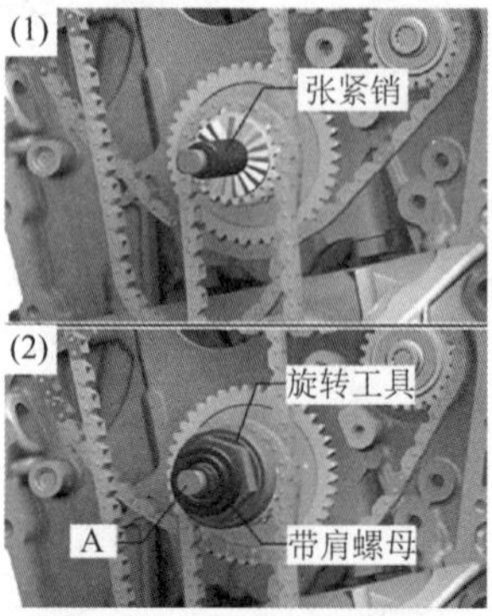
9	将平衡轴传动链的彩色链节（如右图中箭头所示）定位在三级链轮的标记上。安装张紧轨 1 和滑轨 2，拧紧螺栓 3	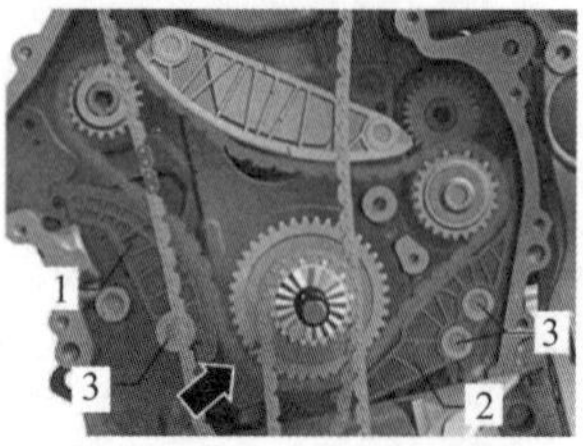
10	安装链条张紧器 1	
11	再次检查调整情况，彩色链节（如右图中箭头所示）必须对准链轮的标记	

步骤	操作方法	图示
12	将凸轮轴正时链放到进气凸轮轴上，排气凸轮轴放到曲轴上。将彩色链节（如右图中箭头所示）定位到链轮的标记上	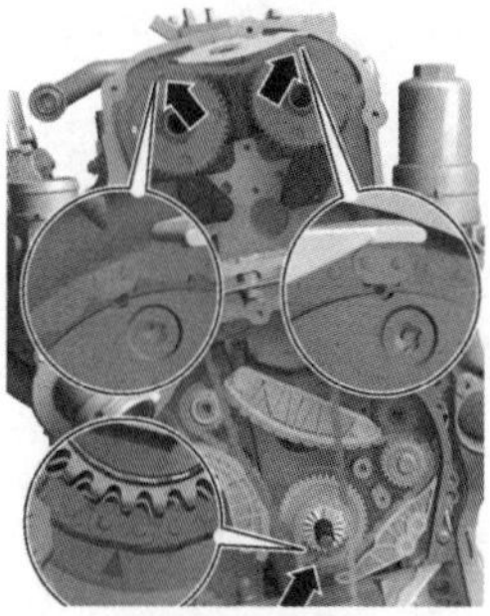
13	安装滑轨 2 并拧紧螺栓 1	
14	安装上部滑轨 1	
15	接下来的工作步骤需要有另一位机修工协助。 （1）将排气凸轮轴用装配工具沿箭头 A 方向略微转动，并将凸轮轴固定装置从链轮的啮合齿中推出； （2）将凸轮轴沿方向 C 松开，直到正时链贴到滑轨 1 上。将凸轮轴固定在这个位置，拧上张紧轨 2 并拧紧螺栓 3	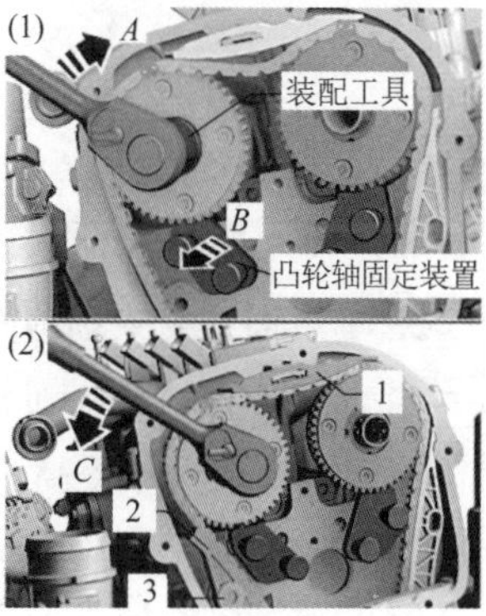

步骤	操作方法	图示
16	安装链条张紧器 1 并拧紧（如右图中箭头所示）螺栓	
17	安装链条张紧器 2（如右图中箭头所指）。钢丝夹必须在开口中紧贴油底壳上部件。紧固螺栓 1 并去除固定销	
18	（1）将进气凸轮轴用装配工具沿右图中箭头 1 的方向转动，直到凸轮轴固定装置可以从链轮的啮合齿中推出（如右图中箭头 2 所示），松开凸轮轴； （2）拆卸凸轮轴固定装置	
19	检查调整情况，链节箭头必须对准链轮的标记	

2. 学生训练结束场地的整理及总结（包含 7S 项目）

7S 项目管理是指作业过程中的整理、整顿、清扫、清洁、素养、安全和节约过程，是保持实训车间环境、提高工作效率、节约资源、实现轻松愉快和可靠工作的关键。

（1）套筒扳手、压缩空气机等操作工具的清洁与归位。

（2）清洗剂的回收和工作盘的清洁、整理与归位。

（3）实训车辆和实训场地的清扫、清洁。

（4）指导教师总结本次训练课题，布置实训报告（表 3 - 12）。

表 3 – 12　实训报告

姓名		班级		实训日期	
实训汽车车型			车辆识别代码		
工作任务题目					

主要实训内容记录如下。

实训过程中疑难点记录 （需要教师解决问题）	
实训小结（心得和体会）	
实训作业	（1）发动机正时指的是什么？正时装置与配气相位之间有什么关系？ （2）正时装置有哪些类型？现在发动机上用得比较多的是什么类型？ （3）什么情况下需要更换或调整发动机正时装置？
教师评语	

项目三　汽车发动机的维护与保养

小　　结

（1）空气滤清器的作用是滤除空气中的杂质，以减轻发动机磨损。同时，空气滤清器也可降低发动机的进气噪声。

（2）空气滤清器的使用寿命可达 5 000 ~ 30 000 km。空气滤清器的维护可按照车辆保养手册规定的维护周期执行，或者根据车辆的智慧云控手机 APP 的提醒进行。

（3）发动机在运转过程中，气缸内燃烧产生的废气会有一小部分在节气门体处生成积炭。此外，空气经过空气滤清器后，会有杂质残留在节气门体处形成污垢。这些积炭和污垢会导致发动机怠速不稳、怠速抖动等故障。所以要定期清洗节气门。

（4）燃油供给系统可以实现供油和喷油的作用：将一定量的清洁汽油通过喷油器适时地喷射到进气歧管或气缸内，系统油压由燃油压力调节器控制在规定的范围内，喷油量和喷油正时均由发动机控制单元根据传感器信号确定。

（5）汽油滤清器更换周期以保养手册为准，安装在进油管路中的汽油滤清器一般为行驶 1 万 km 更换一次，安装在油箱内的汽油滤清器一般行驶 6 万 ~ 10 万 km 更换一次。

（6）点火系统的作用是将汽车电源供给的低压电转变为高压电，并按照发动机的做功顺序与点火时刻的要求，适时、准确地将高压电送至各缸的火花塞，使火花塞跳火，点燃气缸内的混合气。

（7）火花塞实行强制保养制度，保养周期到了就要强制更换，具体保养里程以保养手册标注的为准。

（8）发动机正时包括配气正时、点火正时、喷油正时。正时装置通常由正时皮带或正时链条、张紧轮、张紧器、定轨、导轨水泵等附件组成。通过发动机的正时机构，让每个气缸正好做到：活塞向上正好到达上止点前的某个角度气门关闭、某个角度火花塞正好点火。

练习思考题

（1）怎样进行空气供给系统的维护与保养？空气滤清器的维护与保养需要注意哪些事项？

（2）节气门清洗有哪两种方法？如何清洗？

（3）燃油管堵塞会导致什么故障？燃油滤清器更换时要注意什么？

（4）喷油器堵塞会怎么样？如何判断喷油器是否需要清洗？如何清洗喷油器？

（5）火花塞如何拆装？火花塞如何选型？如何根据火花塞使用后的现象判断发动机工况是否正常？

（6）发动机正时装置的作用是什么？有几种分类？正时链条的维保周期是多久？

项目四
汽车底盘的维护与保养

任务1　手动变速器的维护

【学习目标】

知识目标	能力目标	思政要素和职业素养目标
（1）了解汽车手动变速器油的性能； （2）了解汽车手动变速器油的牌号规格； （3）掌握汽车手动变速器油的选用方法	（1）能完成汽车手动变速器油量的检查； （2）能完成汽车手动变速器油液的更换	（1）树立节能减排的意识； （2）培养废弃油液正确处理的习惯

【任务引入】

客户报修：

一辆 2011 年款凯越 1.6 L 型轿车，行驶里程为 57 000 km，车主反映该车行驶时手动变速器内部有异响。

分析原因：

首先驾驶车辆进行路试，换挡时确实出现异响，由此确定该响声来自变速器内部；检查变速器齿轮油黏度，发现齿轮油很稀，必须进行更换。

【相关知识】

1. 车用手动变速器油的性能

1）润滑性和低温操作性

为使润滑性和低温操作性良好，车用手动变速器油应具有适当的黏度和良好的黏温性。黏度不能过低，以保证油膜的形成，实现液体润滑状态。为带走摩擦产生的热量和在低温时迅速供油，手动变速器油的黏度又不能过大。

为保证车辆手动变速器油具有良好的低温操作性，除规定倾点、成沟点和黏度指数等指标外，还特别采用"表观黏度达 150 Pa·s 时的温度"这一指标。

2）极压性

车辆手动变速器油的使用性能虽多，但与其他润滑油相比，特殊方面主要是极压性（即承载能力）。车辆手动变速器油的极压性是指油中的极压抗磨剂，在高压或高速、高温的苛刻工作条件下，能在齿面上与金属发生化学反应生成反应膜，防止齿面擦伤或烧结的性质。

3）热氧化安定性

车辆手动变速器油抵抗高温条件下氧化作用的能力，叫做热氧化安定性。车辆手动变速器油应具有良好的热氧化安定性。

汽车主减速器使用的手动变速器油温度较高，使油的氧化倾向增大，再加上手动变速器箱中金属的催化作用，油的使用性能容易变坏。因此，要求车辆手动变速器油在较高温度下不易氧化变质。

4）抗腐蚀性和防锈性

在车辆手动变速器传动装置的工作条件下，手动变速器油防止齿轮、轴承腐蚀和生锈的能力叫做抗腐蚀性和防锈性。车辆手动变速器油应具有良好的抗腐蚀性和防锈性。

5）抗泡性

齿轮转动时将空气带入油中，形成泡沫。若泡沫存在于齿面上，会破坏油膜的完整性，易造成润滑失效。泡沫的导热性差，易引起齿面过热，使油膜破坏。泡沫严重时，油常从齿轮箱的通气孔中逸出。因此，手动变速器油要具有良好的抗泡性。

此外，车辆手动变速器油还应具有清洁性、储存安定性等。

2. 车用齿轮油的牌号规格

对于特定的车辆手动变速器油应写成 GL－4 90、GL－5 80W/90。90 号是一种单级油，80W/90 是一定地区范围内冬夏通用油。

（1）普通车辆手动变速器油（GL－3）适用于中等速度和负荷比较苛刻的手动变速器和螺旋锥齿轮驱动桥，有 80W/90、85W/90 和 90 三个黏度牌号。

（2）中负荷车辆手动变速器油（GL－4）适用于低速高扭矩、高速低扭矩下操作的各种齿轮，特别是客车和其他各种车辆的准双曲面齿轮，有 80W/90、85W/90 和 90 三个黏度牌号。

（3）重负荷车辆手动变速器油（GL－5）适用于在高速冲击负荷、高速低扭矩和低速高扭矩下操作的各种齿轮，特别是客车和其他各种车辆的准双曲面齿轮，有 75W、80W/90、85W/90、85W/140、90 和 140 六个黏度牌号。

3. 车用齿轮油的选用

应按车辆使用说明书的规定选择与该车型相适应的手动变速器油品种和牌号，还可以参照下列原则选油。

（1）根据齿轮类型和工作条件来选择手动变速器油的品种——使用级。

（2）根据使用环境最低温度和传动装置最高油温来选择手动变速器油的牌号——黏度级。

4. 车用齿轮油的使用注意事项

（1）不同等级的车辆手动变速器油不能混用且不能将使用级（品种）较低的手动变速器油用在要求较高的车辆上。

（2）不要误认为高黏度手动变速器油的润滑性能好，应尽可能使用合适的手动变速器油。

（3）手动变速器油面一般要加到与变速器加油口下缘平齐，不能过高、过低，应经常检查各齿轮箱是否渗漏，并保持各油封、衬垫完好。

（4）手动变速器油的使用寿命较长，在换季维护时应换用不同的黏度牌号，若放出的旧油未达到换油指标，可在再次换油时使用。旧油应妥善保管，严防水分、机械杂质和混油的污染。

（5）应按规定的换油指标换用新油。无油质分析手段时，可按期换油。

任务实施

操作一　手动变速器油量的检查

手动变速器油量的检查如表 4 – 1 所示。

表 4 – 1　手动变速器油量的检查

步骤	操作方法	图示
1	检查手动变速器油量的操作如下。 （1）将车辆驶入保养沟或用顶车机（千斤顶）顶起。 （2）首先检查变速器周围有无漏油迹象，如油污等。 （3）如图所示在发动机未发动的情况下，拆下变速器加油塞，将手指伸入加孔内检查油面高度，其油面高度应与加油口齐平；若油量不足，须检查各油封、垫片及放油塞等处是否泄漏，并添加油量至规定油面高度	 加油塞 加至此液面
2	更换手动变速器油的操作如下。 （1）更换手动变速器油应在发动机达到工作温度时，熄火更换。 （2）如右图所示拆下变速器放油塞时，小心不要被高热的手动变速器油烫伤；待手动变速器油排放干净后，依规范扭力锁紧放油塞。 （3）从加油塞或秒表小齿轮处添加规定的油液（如SAE90号手动变速器油），直到规定的油面高度，锁回加油塞。 （4）废油应统一回收，不可随意倾倒，以免带来环保问题	 加油 加油塞
3	手动变速器油的选择。 手动变速器油是根据 SAE 黏度及 API 服务分类。如右图所示，就 SAE 黏度分类而言，手动变速器油可分为 SAE75W、80W、80W – 90、85W、90 等牌号，其中号数越大，表示黏度越大，而 W 代表适合冬季或极寒冷地区使用。API 服务分类有 GL1 ~ GL6 六个等级	

操作二　更换手动变速器油液

更换手动变速器油液如表4－2所示。

表4－2　更换手动变速器油液

步骤	操作方法	图示
1	将车辆平稳地停放在举升机上，并将其举升至一定高度	
2	拆卸放油螺栓，拧下放油螺栓后，排出变速器油	加油螺栓孔 放油螺栓孔
3	排放完毕后用新垫片安装放油螺栓并拧紧	
4	然后通过加油口塞添加新的变速器油，直到油位正好低于加油螺栓开口为止	
5	分别用规定的力矩拧紧放油螺栓和加油螺栓。放油螺栓和加油螺栓的拧紧力矩均为60～80 N·m（6.0~8.0 kgf·m）	

任务 2 自动变速器的免解体维护

【学习目标】

知识目标	能力目标	思政要素和职业素养目标
（1）了解汽车自动变速器的结构及原理； （2）掌握汽车自动变速器基本检查的项目和内容	（1）能完成汽车自动变速器常规检查项目的操作； （2）能完成汽车自动变速器油液的更换等项目操作	树立节能减排的意识

【任务引入】

客户报修：

一辆 2010 年款雅阁轿车，该车行驶里程达到 146 000 km，车主反映该车自动变速器有异响，并且自动变速器油已经变黑。

分析原因：

检查自动变速器油液没有铁屑或烧焦的现象，说明自动变速器内部正常；询问车主了解到该车没有按照规定的里程更换自动变速器油进行维护与保养，导致自动变速器油变黑，使润滑不良。

【相关知识】

1. 自动变速器油液的作用及型号

（1）自动变速器油液（Automatic Transmission Fluid，ATF）用于自动变速器内的润滑及动力传递和液压助力转向用油。

（2）主要型号有 D—Ⅱ、T—Ⅳ两种，为浅红色的液体。

注意：自动变速器油液的检查周期为行驶 40 000 km 或两年；更换周期为行驶 80 000 km 或四年。具体更换时间以厂家规定的周期为准。

2. 自动变速器的组成

电控液力自动变速器由变矩器、机械式变速器（一般多采用行星齿轮）和电子 – 液压控制系统三部分组成。电控液力自动变速器的组成如图 4 – 1 所示。

3. 自动变速器的工作原理

通过各种传感器的检测将发动机的转速、节气门位置、车速、发动机水温、自动变速器油温等参数信号以及驾驶员的驾驶意图，转换成电信号输入 ECU。ECU 经过计算、比较处理后，根据预先编制的换挡程序，确定并输出换挡指令，通过电磁阀控制换挡阀，使其打开

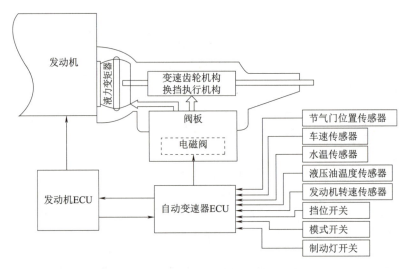

图 4 - 1　电控液力自动变速器的组成

或关闭通往换挡离合器和制动器的油路，从而控制换挡时刻和挡位的变换，以实现自动变速。

4. 自动变速器的特点

电控液力自动变速器与机械式手动变速器相比，具有以下显著优点。

（1）大大提高了发动机和传动系统的使用寿命。

（2）提高了汽车的通过性。

（3）具有良好的自适应性。

（4）降低排放污染。

5. 检查各区域的渗漏情况

（1）检查壳的接触面处、轴和拉索伸出的区域。

（2）检查加油塞、放油塞处。

6. 检查油冷却软管及相关管件的连接和损坏情况

检查油冷却软管是否有裂纹、隆起或者其他形式的损坏，其连接部分是否无松动等。

7. 检查自动变速器油质情况

（1）将车辆停在平坦路面上，拉紧驻车制动器。

（2）起动发动机，变速器油温度达到 70 ~ 80 ℃后，踩住制动踏板，将变速杆从 P（驻车挡）到 L（低速挡）挡位以 2 ~ 3 s 为时间间隔在各挡位来回移动 2 ~ 3 次，最后挂入 N（空挡）或P挡位。

（3）打开发动机盖，拔出变速器油尺。要避免衣服或手碰到旋转部分及过热的散热器。

（4）擦干变速器机油尺后，再次将它插入变速器，然后拔出，确认变速器油是否在 HOT 范围之内，如图 4 - 2 所示。

（5）当变速器油不足时，利用漏斗加入变速器油至 HOT 检查范围内。

（6）检查完毕后，牢固地插入变速器油尺。

图 4-2　确认变速器油

注意：测量自动变速器油量应在发动机温度达到正常温度后测量，注意不要被散热器和排气装置烫伤。

8. 自动变速器油液的更换

（1）车辆升至最高位置，将自动变速器放油塞拧下，放出油液后，再将放油塞拧紧。

（2）车辆下降至低位后，将自动变速器油液按油尺加注到规定位置，然后起动车辆并预热自动变速器油液 10 min 左右，其间不断变换换挡手柄位置，使油液得到充分循环。

（3）放出自动变速器油液，然后再加入新的油液，如此反复 2~3 次，直到放出的油液与新加入的油液颜色相同，通过多次的加注与更换，储存在液力变矩器、变速器离合器、制动器的油液，经过多次循环后被排放出来。

（4）预热变速器油液到正常温度（70~80 ℃）后，调整液面高度至正常油尺位置。

任务实施

操作一　自动变速器油液渗漏情况的检查

在检查渗漏情况时，应检查以下各处。

（1）壳的接触面处。

（2）轴和拉索伸出的区域。

（3）加油塞。

（4）放油塞。

自动传动桥、自动变速器油液可能渗透的部位如图 4-3、图 4-4 所示。

自动变速箱油液的更换

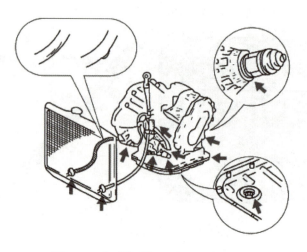

图 4 – 3　自动传动桥油液可能渗透的部位

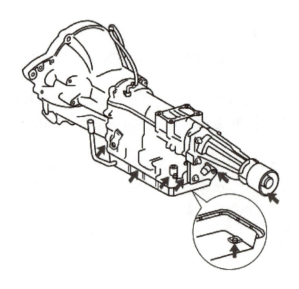

图 4 – 4　自动变速器油液可能渗透的部位

操作二　自动变速器油液的更换

1. 人工换油法

如图 4 – 5 所示，这种方法在行业内俗称 "手换"，即打开自动变速器的放油塞，让里面的油液自然排出。这是一种旧的换油方式，其优点是操作方便，耗时少；缺点是换油不彻底，只能放掉 1/4 ~ 1/3 的旧油液，大约是 3 L。这样，残留下来的旧油会污染新的变速器油，而且新旧油混合后，必然会影响自动变速器各方面的性能。目前，相当一部分服务店都沿用这种换油方式，所以只能缩短换油间隔。

注意：更换自动变速器油时必须使用同一品牌的自动变速器油。因为在更换自动变速器

图 4 - 5　自动变速器油的人工更换

油时，并不能够将所有的旧油全部排出，还有部分旧油残留在自动变速器内部。不同品牌的变速器油与旧油混合使用后，会直接损坏自动变速器或缩短自动变速器的使用寿命。

2. 专用换油机更换

这种方法在行业内俗称机换。利用机器产生压力，将变速器油进行动态更换。绝大部分自动变速器油是通过发动机散热器进行循环冷却的。如图 4 - 6 所示，机换的方法就是把换油机接入自动变速器进入散热器冷却的两根管，用压力进行循环换油。其操作方法是：向专用更换机内加入一定量的新油液，通过进油管泵入自动变速器，再从出油管抽出旧油液，旧油液输入更换机后被滤清器过滤，然后又泵进自动变速器，这样不断循环对变速器进行冲洗，冲洗完成后把旧液抽出，泵入新液，整个过程约需要 1 h，所需自动变速器油是 12 L 左右。这种换油方式的优点是换油比较彻底，能够放掉 85% 以上的旧油液，而且可以把自动变速器内部的油垢和金属屑清洗干净，通过机换的方式，更换油液的周期可以达到 40 000 ~ 60 000 km；缺点是需要专用设备，耗费的工时多。

图 4 - 6　自动变速器油的换油机更换

注意：两种换油方法都要在发动机起动的情况下才能进行。更换自动变速器油操作必须是在热车的状态下，更换前应行驶 20 min 以上，不能冷车换油。换油时要起动发动机，把各挡位从 P 挡位到 R、N、D、L1、L2 等挡位来回拨动，然后才开始换油。

操作三　ATF滤清器的更换

在进行预防性维护时，ATF滤清器（图4-7）通常被遗忘。在大部分情况下，ATF滤清器并不像润滑油、空气或燃油滤清器那样易于更换。除非该滤清器的堵塞已经影响到变速器的正常工作，否则通常会被忽略。因为ATF滤清器是对自动变速器进行保护的装置，所以应该保持其清洁或者按照制造商推荐的更换周期及时更换。自动变速器通常采用纸质滤清器、毡质滤清器或滤膜滤清器来滤除其油液中的杂质。亚洲汽车制造商喜欢使用滤膜滤清器，而欧美汽车制造商更倾向于纸质或毡质滤清器。

图4-7　ATF滤清器

动力汽车维护与保养

任务 3　四轮定位的检测与调整

【学习目标】

知识目标	能力目标	思政要素和职业素养目标
（1）掌握四轮定位参数的意义； （2）掌握运用四轮定位仪进行四轮定位测试的方法； （3）掌握车轮定位角的正确调整方法	（1）能运用四轮定位仪进行汽车四轮定位测试； （2）能完成汽车车轮定位角的调整	（1）树立良好的汽车检测维修操作规范； （2）培养精益求精的工匠精神； （3）培养良好的 7S 习惯

【任务引入】

客户报修：

一辆 2011 年款桑塔纳轿车，行驶里程为 91 600 km，车主反映该车轮胎磨损严重。

分析原因：

首先检查减振器、螺旋弹簧、摆臂、球头等均正常，说明悬架系统没有任何问题；检查轮胎压力都符合要求，于是建议车主进行四轮定位的检测与调整。

【相关知识】

1. 四轮定位参数

所谓的四轮定位是在前轮定位参数（主销后倾角、主销内倾角、前轮外倾角、前轮前束）的基础上增加后轮前束与后轮外倾角两个定位参数。许多前轮驱动车辆有较小的负后轮外倾角，以改善转向稳定性。后轮外倾角与前轮外倾角基本相同。

1）主销后倾

主销后倾角是转向轴线向后倾斜的角度。主销后倾角是从汽车纵向平面观察时，测量转向轴线至垂线之间的角度而得到的，用 γ 表示，一般 γ 不超过 2°~3°，如图 4 – 8 所示。

2）主销内倾

主销在前轴上安装，其上端略向内倾斜，称为主销内倾。在汽车横向平面内，主销轴线与垂线之间的夹角 β 叫做主销内倾角，如图 4 – 9 所示。

3）前轮外倾

前轮安装在车桥上，其旋转平面上方相对纵向垂直平面略向外倾斜，称为前轮外倾。在汽车的横向平面内，前轮中心平面向外倾斜一个角度 α 称为前轮外倾角，如图 4 – 10 所示，现在的汽车一般将外倾角设定为 1°左右。

4）前轮前束

俯视车轮，汽车的两个前轮的旋转平面并不完全平行，而是稍微带一些角度，这种现象称为前轮前束。在通过两个前轮中心的水平面内,两个前轮的前边缘距离 B 小于两个前轮后边缘距离 A,$A-B$ 称为前轮前束,如图 4-11 所示。像内八字一样前端小后端大的称为前束,而像外八字一样后端小前端大的称为后束或负前束。

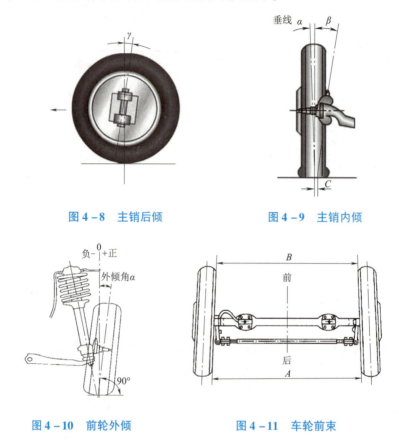

图 4-8　主销后倾　　　　　　　图 4-9　主销内倾

图 4-10　前轮外倾　　　　　　　图 4-11　车轮前束

5)后轮外倾角与后轮前束

后轮外倾角与前轮外倾角基本上相同,如图 4-12 所示。在前轮驱动车辆中,驱动力使后轮心轴受向后的力。因此,这些后轮根据车辆本身的情况设计成零前束或很小的前束,如图 4-13 所示。正确的后轮前束设置对保证轮胎正常寿命有重要意义。

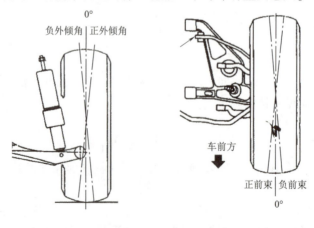

图 4-12　后轮外倾角　　　　　　图 4-13　后轮前束

2. 四轮定位仪检测的项目

四轮定位仪可检测的项目包括：前轮前束、前轮外倾角、主销后倾角、主销内倾角、后轮前束、后轮外倾角、车辆轮距、车辆轴距、转向20°时的前张角、推力线和左右轴距差等。目前常见的国产或进口四轮定位仪可以测量上述检测项目中几个或全部项目。在这些检测项目中，前轮前束、前轮外倾角、主销后倾角、主销内倾角统称为前轮定位，也称前轮定位四要素，各种前轮定位仪都能对其进行检测和调整。但汽车的操纵稳定性不仅仅由前轮定位来保证，后轮定位也起着至关重要的作用，所以最好使用四轮定位仪检测和调整。

3. 四轮定位检测前的检查工作

1）车停在地面时进行的检查

（1）检查粘到底盘上的泥是否过多。卸去不计在整备质量内的大宗物件。随车工具和物品，在车轮定位中应留在车内。

四轮定位前的检查

（2）将轮胎充气至规定值并注意每只轮胎上是否有异常磨损或损坏。

（3）检查前轮是否有径向跳动。

（4）检查悬架高度。若有异常，则检查弹簧是否下陷或破损。在有扭力杆的悬架中，检查扭力杆并调节。

（5）当前轮处在中央位置时，来回转动转向盘以检查转向轴、转向器或转向传动装置的间隙。

（6）检查减振器或滑柱，衬套或螺栓是否有松动，并看减振器或撑杆是否出现渗漏。

（7）在车辆各个角处对每个减振器或滑柱进行摇晃检查。

2）车辆被抬升、悬架被支撑起后进行的检查

（1）检查前轮轴承是否有水平移动。对前轮驱动的车辆，检查所有的车轮轴承。车轮轴承必须在车轮定位以前调整好并视情况进行清洁、重新装配或做其他调整。

（2）测量球铰轴向、径向移动，如果任何方向出现过大的位移，则需要更换球铰。注意在检查球铰时悬架必须支撑妥当。

（3）检查摆臂是否有损坏，还应摆臂衬套是否有磨损。

（4）检查所有转向传动装置以及转向横拉杆接头，看是否有松动。

（5）检查横向稳定杆固定铰链及衬套是否有磨损。

（6）检查转向器固定螺栓是否松动，安装托架和衬套是否有磨损。

4. 四轮定位的检查

1）准备工作

（1）调整转角盘和后滑板，根据轮距和轴距调整举升机的宽度。

四轮定位的检查

（2）将汽车驶上转角盘和后滑板，车轮要位于转角盘和滑板中部。

（3）拉上驻车制动杆，不让车辆滑动。

（4）抽出转角盘和后滑板的安全销，使汽车车轮处于自由状态。

（5）进行车辆目视检查，检查车轮毂和车胎尺寸，轮胎的胎纹深度和胎压，检查装置和轮轴间隙，弹簧装置和减振器的状态。

（6）安装卡具和传感头，进行轮毂补偿。

（7）松开驻车制动杆，用力压下车身前部和后部，使减振弹簧装置恢复到中间位置。

项目四　汽车底盘的维护与保养

（8）安装制动器锁，锁定制动器踏板。

2）安装车轮卡具和传感头

在开始定位前，将每个车轮卡具和传感头总成如图 4-14 所示安装在车轮的轮毂上。请务必注意各传感头的位置。位置颠倒将使定位仪不能正常工作。留意各个传感头上的箭头标识就不会弄错位置。

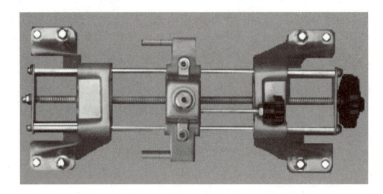

图 4-14　传感头总成安装

（1）接通仪器电源，开机进入 SUN 主界面。

（2）选择制造厂家、车型资料。

（3）按动键盘上的向下光标箭头，仪器进入基本功能选择。

（4）依次进行定位预备检查、轮胎检查、制动检查、车底检查、引擎盖下检查、油耗额外检查后，按回车键进入钢圈补偿。

（5）后轮退缩角的测定。

（6）包容角的测量。

（7）按回车键进入下一操作，调平机头；进入后轮测读状态，如图 4-15 所示。

（8）按回车键，进入前轮测量准备，调平并锁紧方向盘，调平并锁紧机头。按 M 进入前轮测读状态，如图 4-15 所示。

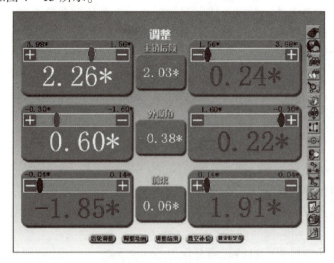

图 4-15　车轮测读调整屏

5. 四轮定位的调整

1）后轮前束和外倾角的调整

进行定位前应首先检查底盘零件是否有损坏，轮胎气压是否正确。如果后桥上装有任何形式的调整垫片，应首先将垫片拆除后装好后轮再进行测量。车辆定位调整的顺序规则是：先调后轮，再调前轮；后轮先调外倾角，后调束角；前轮先调主销后倾角，后调外倾角，再调束角。

2）前轮定位参数的调整

（1）增减垫片调整主销后倾角和车轮外倾角，适用于别克、丰田、马自达、陆地巡洋舰等车型。

（2）移动上控制臂来调整前轮外倾角和主销后倾角，适用于克莱斯勒等车型。

（3）旋转凸轮来调整车轮外倾角和主销后倾角，适用于别克、凯迪拉克、雪佛兰、福特等车型。

（4）分别旋转两个偏心螺栓来调整车轮外倾角和主销后倾角，适用于本田。

（5）松开下控制臂前端的球头安装螺栓，可以推进或拉出球头，从而调整前轮外倾角，适用于奥迪、大众系列等车型。

（6）松开前减振器顶上几个定位螺栓，可以沿前卡孔左右移动减振器来调整前轮外倾角，适用于奥迪等车型。

（7）松开两个螺栓向里推或向外拉轮胎，可以调整车轮外倾角，适用于别克、云雀、凯迪拉克、雪佛莱、克莱斯勒等车型。

（8）松开减振器两个螺栓，向外或向内移动轮胎上部，可以调整车轮外倾角。调整后可以加进楔形锯齿边铁片，既能固定又可防脱，适用于福特等车型。

6. 作业前准备

作业前需要做车辆下面的清洁卫生。

任务实施

操作　四轮定位的检测

四轮定位的检测操作如表 4-3 所示。

表 4-3　四轮定位的检测

步骤	操作方法	图示
1	调整好车辆位置准备驶入四轮定位仪举升机	

步骤	操作方法	图示
2	将车辆小心驶入四轮定位仪举升机	
3	将车轮放到四轮定位仪转盘上	
4	安装四轮定位仪夹具及传感器	
5	连接好传感器及主机通信线路，拔掉转角盘和后滑板上的固定销	
6	调整传感器水平位置	
7	调整车辆定位数据	

学习提示：将车辆举升后落到举升机最低一格的安全锁止位置，以保证举升平台处于水平状态。四轮定位仪开机，传感器上的电源指示灯亮，按 R 键或相应的位置键激活各个传感器，把传感器放水平后拧紧固定旋钮，水平气泡处在大致中央的位置即可。

任务4　轮胎的检测与维护

【学习目标】

知识目标	能力目标	思政要素和职业素养目标
（1）掌握汽车轮胎的组成； （2）熟悉汽车轮胎的检测方法	能准确完成汽车轮胎磨损检查、轮胎气压检查、轮胎动平衡检查等操作项目	（1）树立正确的学习观、价值观，自觉践行行业道德规范； （2）遵守安全操作规程

【任务引入】

客户报修：

一辆 2018 年款长安逸动轿车，车主反映该车向右跑偏比较严重。

分析原因：

首先将 4 个轮胎气压调整至 250 kPa，然后驾驶车辆进行试车，故障依旧；检查车辆的上下摆臂、球头均正常，然后对前后轮进行换位后，故障现象有所减轻，初步判断是由于轮胎不平衡所致，必须进行轮胎动平衡校正。

【相关知识】

1. 汽车轮胎的组成

轮胎的分类与标记

车轮与轮胎是汽车行驶系统中的重要部件，其作用是支撑整车质量，缓和来自路面的冲击力，通过轮胎与地面的附着力产生驱动力和制动力；在保证汽车正常转向行驶的同时，通过车轮产生的自动回正力矩，使车轮保持直线行驶方向等。

车轮是介于轮胎和车轴之间承受负荷的旋转部件。车轮通常主要由轮毂、轮辋及轮辐组成。根据轮辐的构造，车轮可分为辐板式车轮和辐条式车轮。

轮胎安装在轮辋上，直接与地面接触。轮胎由胎冠、胎面、带束层和帘布层组成。根据胎体结构的不同，轮胎可分为充气轮胎和实心轮胎。现代汽车绝大多数采用充气轮胎，实心轮胎仅用在低速汽车或重型挂车上。

在汽车行驶过程中，由于汽车承受载荷、行驶路况、轮胎质量、悬架或转向系统零部件损伤、车轮定位失准及驾驶习惯等因素作用，车轮产生变形和轮胎异常磨损，导致汽车产生行驶振动摇摆，轮胎加速磨损以及制动性能、加速性能和转向性能降低等故障，使汽车的行车安全性和使用经济性受到严重影响。因此，应定期检查轮胎磨损状况；同时，为了提高各个轮胎的磨损均匀性，还需要定期进行车轮换位，延长轮胎的使用寿命。

2. 汽车轮胎检查的重要性

汽车轮胎气压不足是每一位驾驶员行车过程中不可避免要遇到的问题，其实对轮胎的维护并不仅仅是对轮胎充气，轮胎的日常检查与维护更为重要，本任务重点介绍汽车轮胎的检测与维护。

轮胎和轮辋的
拆卸和安装

任务实施

轮胎保养

操作一　检查汽车轮胎花纹深度及磨损形态

汽车轮胎花纹深度及磨损形态检查操作如表 4－4 所示。

表 4－4　检查轮胎花纹深度及磨损形态

步骤	操作方法	图示
1	1）检查所有轮胎（包括备胎）的花纹深度及磨损形态。 2）检查轮胎胎面和胎壁是否有裂纹、割痕或者其他损坏。 3）检查轮胎的胎面和胎壁是否嵌入任何金属微粒、石子或者其他异物。 4）使用一个轮胎深度规测量轮胎的胎面深度	
2	轮胎磨损的极限标准。 　为了保证车辆行驶安全，各国均规定了车辆轮胎的磨损极限，一般若轮胎磨损到了极限位置，则必须更换轮胎。 　我国国家标准规定轿车用的子午线轮胎花纹磨损极限为1.6 mm；美国规定汽车轮胎的磨损极限为花纹沟槽深度不低于 1.0 mm；日本规定轿车用的轮胎磨损极限为 1.6 mm。 　为了方便客户对车辆轮胎进行磨损程度判断，所有车辆的轮胎都配置了轮胎磨损指示标志。当轮胎磨损到指示标志位置时，说明轮胎已经磨损到了极限，就必须更换轮胎	
3	轮胎磨损的测量。 　当车辆进入车间进行轮胎检查时，技师可以使用轮胎花纹深度测量尺来测量轮胎花纹的深度，以判断轮胎的磨损程度。 　测量轮胎花纹深度时，将测量工具伸入轮胎胎面同一横截面几个主花纹沟槽中，测量它的深度得出一组数值，计算得出平均值。如果胎面有任何一个地方的花纹深度低于 1.6 mm 都要对轮胎进行更换。 　为了保证车轮行驶性能，建议夏季轮胎花纹深度不低于3 mm，冬季花纹深度不低于 4 mm	

操作二　汽车轮胎气压的检查

汽车轮胎气压的检查操作如表 4 – 5 所示。

表 4 – 5　汽车轮胎气压的检查

步骤	操作方法	图示
1	轮胎压力标准如下。 　车辆行驶之前，应根据车辆上轮胎压力铭牌的信息将前、后轮胎调整为标准压力。 　右图所示为 S80L 轮胎压力的铭牌信息，它包括了常规轮胎和备用轮胎的气压标准。对于常规轮胎，由铭牌信息可知，如果车辆经常行驶在城市道路上，而乘员数量在 3 个以内，则前后轮的轮胎标准分别为 220 kPa、210 kPa。对于低油耗轮胎（ECO），其气压标准为 260 kPa。对于备用轮胎，应将其气压调整为 420 kPa，并且行驶车速不能超过 80 km/h	
2	检查轮胎压力的方法如下。 　1）将气嘴盖取下。 　2）如右图所示，在轮胎冷时，将胎压表压在气嘴上，不可有嗞嗞的漏气声；若不合规范，须加以充气。 　3）检查胎压或充气后，须用肥皂水检查气嘴是否漏气，确定无漏气现象，再用手将气嘴盖锁紧，以防灰尘和水分渗入	

操作三　汽车轮胎动平衡的检查

轮胎动平衡操作

1. 汽车车轮动平衡的作用

汽车的车轮是由轮胎、轮毂和平衡块组成的一个整体。由于制造的原因，车轮各部分的质量分布不可能非常均匀。当汽车车轮高速旋转起来时，就会形成动不平衡状态，影响车辆行驶和轮胎的使用寿命。因此，轮胎应进行动平衡检查。

2. 动平衡机的工作流程

汽车车轮动平衡机（图 4 – 16）的类型很多，但其原理大体一致。车轮动平衡机的计算机显示与控制装置具有自动诊断和自动调校系统，能将传感器送来的电信号通过计算机运算、分析、判断后显示出不平衡量及其位置。为使显示的不平衡量正好是轮胎边缘所加平衡块的质量，还必须测量轮毂的直径 d、轮胎的宽度 b 和轮辋边缘至平衡机机箱的距离 a，然后通过键盘或旋钮将其输入计算机。a、b、d 三个尺寸如图 4 – 17 所示。

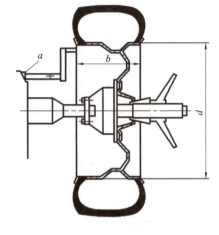

图4-16　车轮动平衡机　　图4-17　输入数据的测量部位

动平衡机的操作流程如表4-6所示。

表4-6　动平衡机的操作流程

步骤	操作方法	图示
1	测试前的准备：检查并清除轮胎上的灰尘、泥土，检查胎面是否夹有金属、石块等异物，检查轮胎气压是否符合规定值，检查轮辋定位面和安装孔有无变形，检查胎内有无异物，取下原有平衡块	
2	安装车轮：根据轮辋中心孔的大小选择好锥体，装好车轮，用快速螺母拧紧	
3	起动设备，输入轮胎使用尺寸：打开电源开关，检查指示与控制装置的面板是否指示正确。用卡尺测量轮胎的宽度 b、轮毂的直径 d（也可由胎侧读出），用平衡机上的标尺测量轮辋边缘至机箱的距离 a，用键盘或选择器旋钮将测量数据直接输入指示与控制装置中	
4	选择平衡方式：根据所加平衡块的位置及方式不同选择不同的平衡方式。连续按平衡方式选择键，显示窗内可显示不同的平衡方式。每次开机自动进入动态，无须进行选择	

步骤	操作方法	图示
5	轮胎动平衡检测。放下车轮防护罩，按下起动键，车轮旋转，平衡测试开始，微机自动采集数据。车轮自动停转或听到指示声，按下停止键并操纵制动装置使车轮停转后，从指示装置读取车轮内、外不平衡量和不平衡的位置	
6	安装平衡块。抬起车轮防护罩，用手慢慢转动车轮。当指示装置发出指示（音响、指示灯亮、制动、显示点阵或显示检测数据等）时停止转动。在轮辋的内侧或外侧的上部（时钟12点位置）加装指示装置显示的该侧平衡块质量，内、外侧要分别进行加装，平衡块装卡要牢固。安装平衡块后有可能产生新的不平衡，应重新进行平衡试验，直至不平衡量小于 5 g，指示装置显示"00"或"OK"时才符合要求。当不平衡量相差 10 g 左右时，如能沿轮辋边缘左右移动平衡块到一定角度，则可获得满意的效果	

项目四 汽车底盘的维护与保养

任务 5　制动系统的检查与维护

【学习目标】

知识目标	能力目标	思政要素和职业素养目标
（1）掌握汽车制动系统的基本组成与功用； （2）掌握盘式制动器的检查标准与方法	（1）能完成制动系统管路的检查与维护； （2）能按规定检查盘式制动器	（1）树立良好的汽车检测维修操作规范； （2）培养良好的7S习惯 （3）培养良好的团队协作精神

【任务引入】

客户报修：

一辆 2011 年款蒙迪欧轿车行驶里程达到 75 200 km，车主反映该车在车速130 km/h 时，轻踩制动踏板发现转向盘左右晃动，如果用力踩踏抖动更加厉害，并且制动时发出刺耳的噪声。

分析原因：

首先驾驶汽车进行路试，发现制动时噪声来自前轮部件，根据维修经验判断一般是由于制动盘凹凸不平引起的；经过检查，发现前轮的两个制动盘严重磨损并且凹凸不平，决定进行更换处理。

【相关知识】

1. 制动系统的功用

汽车制动系统的功用有三点：按照需要使汽车减速或在最短距离内停车；下坡行驶时保持车速稳定，使停驶的汽车可靠停驻。

当汽车行驶在宽阔、平坦、车流和人流较少的路况时，可以通过高速行驶提高运输生产效率。但汽车在行驶过程中也会遇到复杂多变的路面状况，如进入弯道、行经不平坦道路、两车交会、突遇障碍物等，为了保证行驶安全，就要求汽车在尽可能短的距离内将车速降低，甚至停车。

此外，汽车在下长坡时，由于受到重力所产生的下滑力的作用，会有不断加速到危险程度的趋势，故此时应将车速限定在安全值内，并保持相对稳定；对停驶的车辆，特别是在坡道上停驶的汽车应使之可靠地驻留在原地。

2. 制动系统的基本组成

为完成汽车制动，现代汽车上一般设有以下几套独立的制动系统。

（1）行车制动系统：用于将行驶中的车辆减速或停车。制动器安装在全部的车轮上，通常由驾驶人用脚操纵。

（2）驻车制动系统：用于将停驶的汽车驻留原地，通常由驾驶人用手操纵。

（3）应急制动、安全制动和辅助制动系统：

①应急制动装置是用独立的管路控制车轮制动器的备用系统，其作用是在行车制动装置失效的情况下保证汽车仍能实现减速或停车。

②安全制动装置是当制动气压不足时起制动作用，使车辆无法行驶。

③辅助制动装置是为了在汽车下长坡时减轻行车制动器的磨损而设的，其中以利用发动机排气制动应用最广。

汽车上设置有彼此独立的制动系统，它们起作用的时刻不同，但它们的组成却是相似的，一般包括以下4个部分。

①供能装置：包括供给、调节制动所需能量以及改善传能介质状态的各种部件，如气压制动系统中的空气压缩机、液压制动系统中人的肌体。

②控制装置：包括产生制动动作和控制制动效果的各种部件，如制动踏板。

③传动装置：将驾驶人或其他动力源的作用力传到制动器，同时控制制动器的工作，从而获得所需的制动力矩，包括将制动能量传输到制动器的各个部件，如制动主缸、制动轮缸等。

（4）制动器：产生阻碍车辆运动或运动趋势的力的部件。

较为完善的制动系统还包括制动力调节装置以及报警装置、压力保护装置等。

3. 制动系统的分类

（1）按功能的不同，汽车制动系统可以分为行车制动系统、驻车制动系统以及应急制动系统、安全制动系统和辅助制动系统。

（2）按照制动力能源的不同，汽车制动系统又可以分为人力制动系统、动力制动系统和伺服制动系统。人力制动系统是以驾驶人的肌体作为唯一制动能源的制动系统；动力制动系统是完全靠发动机的动力转化而成的气压或液压形式的势能进行制动的制动系统；伺服制动系统是兼用人力和发动机动力进行制动的制动系统。

4. 制动系统的工作原理

行车制动系统由车轮制动器和液压传动机构两部分组成。图4-18所示为制动系统的基本组成及工作原理。

车轮制动器的旋转部分是制动鼓8，它固定于轮毂上，与车轮一起旋转。固定部分是制动蹄10和制动底板11等。制动蹄上铆有摩擦片9，其下端套在支承销12上，上端用制动蹄复位弹簧13拉紧压靠在制动轮缸6内的活塞上。支承销和轮缸都固定在制动底板上，制动底板用螺钉与转向节凸缘（前桥）或桥壳凸缘（后桥）固定在一起，制动蹄靠制动轮缸使其张开。

不制动时，制动鼓的内圆柱面与摩擦片之间保留一定间隙，制动鼓可以随车轮一起旋转。

制动时，驾驶人踩下制动踏板1，主缸推杆2便推动制动主缸内的主缸活塞3前移，迫使制动液经管路进入轮缸，推动制动轮缸的活塞向外移动，使制动蹄克服复位弹簧的拉力绕支承销转动而张开，消除制动蹄与制动鼓之间的间隙后将其压紧在制动鼓上。此时，不旋转

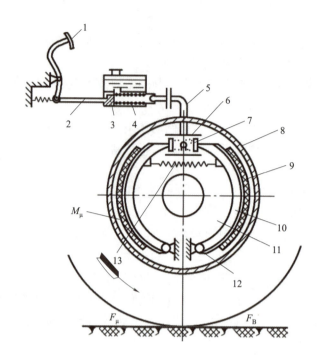

图 4 – 18 制动系统的基本组成及工作原理

1—制动踏板；2—主缸推杆；3—主缸活塞；4—制动主缸；5—油管；6—制动轮缸；

7—轮缸活塞；8—制动鼓；9—摩擦片；10—制动蹄；11—制动底板；

12—支承销；13—制动蹄复位弹簧

的制动蹄摩擦片对旋转的制动鼓就产生一个摩擦力矩，其方向与车轮的旋转方向相反。制动鼓将此力矩传到车轮后，由于车轮与路面的附着作用，车轮即对路面作用一个向前的圆周力 F_μ，与此相反，路面会给车轮一个向后的反作用力，这个力就是车轮受到的制动力 F_B。各车轮制动力的总和就是汽车受到的总的制动力。

放松制动踏板，在复位弹簧的作用下，制动蹄与制动鼓的间隙又得以恢复，从而解除制动。

5. 对制动系统的要求

更换鼓式制动片

为保证汽车能在安全的条件下发挥出高速行驶的能力，制动系统必须满足以下要求。

（1）具有良好的制动效能。迅速减速直至停车。

（2）操纵轻便。操纵制动系统所需的力不应过大。

（3）制动稳定性好。制动时，前、后车轮制动力分配合理，左、右车轮上的制动力矩基本相等，使汽车在制动过程中不出现跑偏、甩尾的现象。

（4）制动平顺性好。制动力矩能迅速而平稳地增加，也能迅速而彻底地解除。

（5）散热性好。连续制动时，制动鼓和制动蹄上的摩擦片因高温引起的摩擦因数下降要小，遇水变湿后恢复要快。

（6）对于挂车的制动系统，还要求挂车的制动作用略早于主车；挂车自行脱挂时能自动进行应急制动。

任务实施

操作一　制动管路的检查

制动管路的检查操作如表4－7所示。

表4－7　制动管路的检查

步骤	操作方法	图示
1	检查制动总泵（前端）、油管（接口处）是否泄漏，管路是否有破损；储油罐应无裂纹	
2	将车辆举升至适当高度，将举升机锁止，检查各制动管路是否泄漏，油管与车身底板有无摩擦，是否有压痕等	

续表

步骤	操作方法	图示
3	检查制动管路软管是否有老化、扭曲、裂纹、凸起或其他损坏	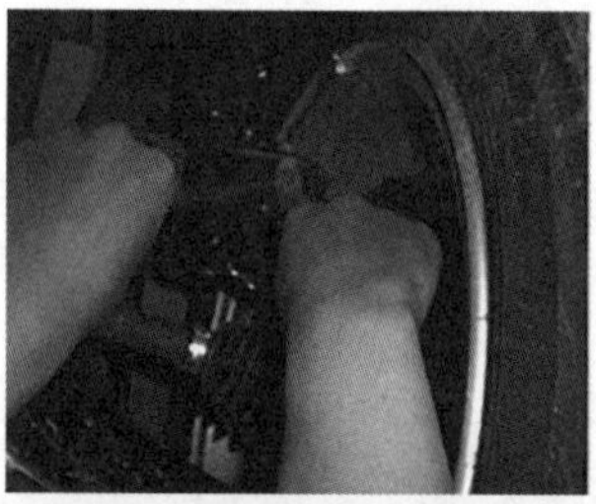 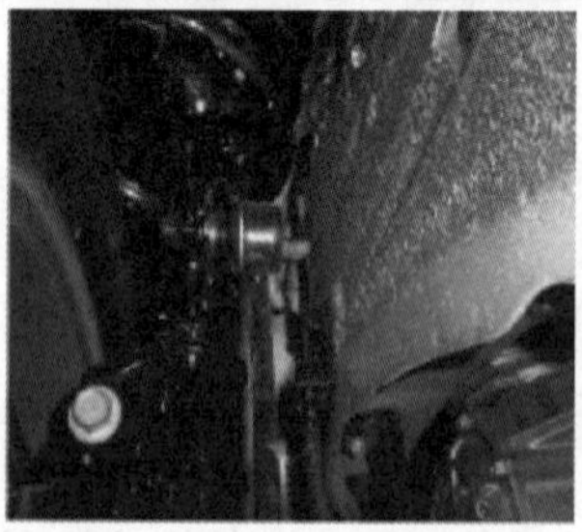
4	检查制动管路和软管的安装是否牢固	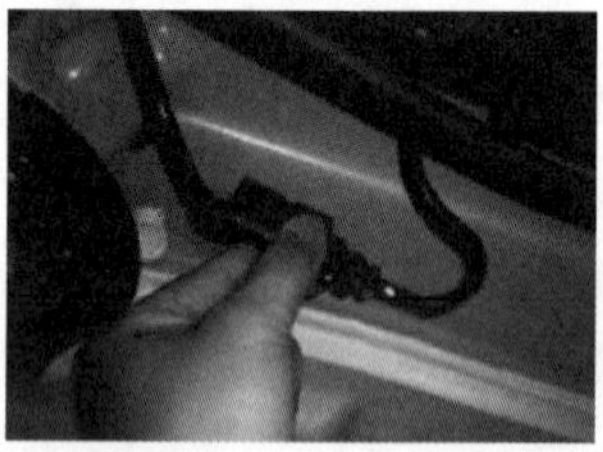
5	检查制动分泵处是否泄漏	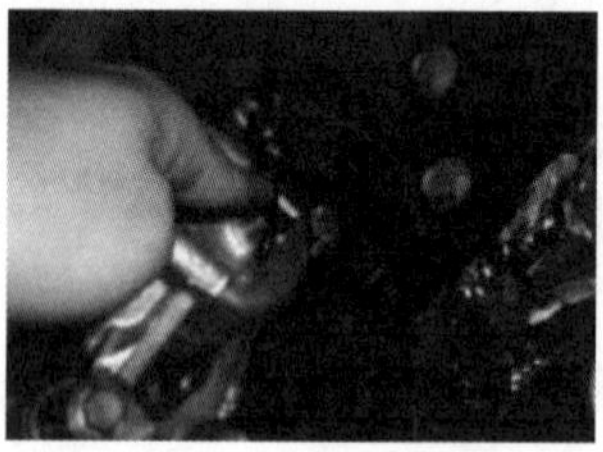

操作二 盘式制动器的检查

盘式制动器的检查操作如表4-8所示。

制动分泵拆装-盘式 更换盘式制动片 动盘厚度测量

表4-8 盘式制动器的检查

步骤	操作方法	图示
1	检查制动器摩擦片厚度： （1）使用一把直尺或专用工具测量外制动器摩擦片的厚度。 （2）通过制动卡钳内的检查孔目测检查内制动器摩擦片的厚度，确保其与外制动器摩擦片没有明显的偏差。 （3）确保制动器摩擦片没有不均匀磨损。 如果制动器摩擦片的厚度低于磨损极限，则更换制动器摩擦片，如右图所示	
2	使用游标卡尺测量制动器摩擦片厚度： （1）拆卸制动器摩擦片找出最大磨损处。 （2）测量摩擦片的厚度不能小于7 mm，如右图所示	
3	使用专用工具测量： （1）对制动器摩擦片进行测量； （2）测量摩擦片的厚度不能小于7 mm，如右图所示	

小 结

（1）汽车传动系统将发动机发出的动力传递给驱动轮，使路面对驱动轮产生牵引力，推动汽车行驶。普通传动系统包括离合器、变速器、万向传动装置和驱动桥等部分。

（2）离合器的作用是使发动机与传动系平顺地接合，保证汽车平稳起步，变速器换挡平顺，并防止传动系统过载。

项目四 汽车底盘的维护与保养

147

（3）汽车主减速器使用的齿轮油温度较高，使油的氧化倾向增大，再加上齿轮箱中金属的催化作用，容易使油的使用性能变坏。

（4）汽车齿轮油的极压性是指油中的极压抗磨剂在高压或高速、高温的苛刻工作条件下，能在齿面上与金属发生化学反应生成反应膜，防止齿面擦伤或烧结的性质。

（5）电控液力自动变速器由变矩器、机械式变速器（一般多采用行星齿轮）和电子 – 液压控制系统三部分组成。

（6）自动变速器通常采用纸质滤清器、毡质滤清器或滤膜滤清器来滤除其油液中的污垢。

（7）更换自动变速器油，在操作时必须是在热车的状态下，更换前应行驶 20 min 以上，不能冷车换油。换油时要起动发动机，把各挡位从 P 挡到 R、N、D、L1、L2 等挡位来回拨动，然后才开始换油。

（8）四轮定位是在前轮定位参数（主销后倾角、主销内倾角、前轮外倾角、前轮前束）的基础上增加后轮前束与后轮外倾角两个定位参数。

（9）四轮定位仪可检测的项目包括：前轮前束、前轮外倾角、主销后倾角、主销内倾角、后轮前束、后轮外倾角、车辆轮距、车辆轴距、转向 20°时的前张角、推力线和左右轴距差等。

（10）车辆定位调整的顺序规则是：先调后轮，再调前轮；后轮先调外倾角，后调束角；前轮先调主销后倾角，后调外倾角，再调束角。

（11）车轮与轮胎是汽车行驶系统中的重要部件，其作用是支撑整车质量，缓和来自路面的冲击力，通过轮胎与地面的附着力产生驱动力和制动力；在保证汽车正常转向行驶的同时，通过车轮产生的自动回正力矩，使车轮保持直线行驶方向等。

（12）汽车的车轮是由轮胎、轮毂和平衡块组成的一个整体。由于制造的原因，各部分的质量分布不可能非常均匀。当汽车车轮高速旋转起来后，就会形成动不平衡状态，影响车辆行驶和轮胎使用寿命。因此，轮胎应进行动平衡检查。

练习思考题

（1）简述汽车传动系统的组成。
（2）如何更换手动变速器油液？
（3）简述自动变速器油的更换流程。
（4）如何检查与调整车轮定位？
（5）如何检查汽车轮胎磨损情况？
（6）怎样检测汽车车轮动平衡？
（7）简述制动系统的组成。
（8）为什么要进行轮胎的维护与保养？
（9）怎样测量制动器摩擦片的厚度？

项目五

汽车电气系统的维护与保养

任务 1　汽车照明系统的维护

【学习目标】

知识目标	能力目标	思政要素和职业素养目标
（1）了解照明系统的作用、类型和组成； （2）能够拆装照明系统的主要部件	能够检修照明系统，检查调整主要部件	（1）树立正确的学习观、价值观，自觉践行行业道德规范； （2）遵规守纪，团结协作，爱护设备，钻研技术； （3）发扬一丝不苟、精益求精的工匠精神

【任务引入】

客户报修：

一辆长安逸动行驶里程为 11.2 万 km，驾驶员在打开该车前照灯开关时前照灯均不亮。

分析原因：

产生这种现象的原因可能有：灯光组合开关损坏；前照灯保险丝损坏；灯光线路损坏；前照灯损坏。

【相关知识】

一、照明系统的组成与作用

汽车照明系统由多种灯具组成，不同的照明灯有着不同的作用。

前照灯（又称大灯、头灯）包含近光灯和远光灯，安装于汽车前部，用于照亮车前的道路，有两灯制和四灯制之分。两灯制是指在汽车前端左右各装一个前照灯，四灯制是指在汽车前端左右各装两个前照灯，一般近光灯的功率为 35～55 W，远光灯功率为 40～60 W。

示宽灯（又称小灯、示廓灯、驻车灯，车辆后方的也可称尾灯）安装于汽车前部和后部，汽车在夜间或光线昏暗的路面上行驶或停驻时，用于标示车辆的轮廓或位置。前小灯为白色，后小灯为红色，一般功率为 5 ~ 10 W。

牌照灯安装于汽车尾部的牌照上方，在开启示宽灯的同时牌照灯打开，灯光为白色，一般功率为 5 ~ 15 W。

仪表灯安装于汽车仪表上，夜间照亮仪表，灯光为白色，功率为 2 ~ 8 W。

顶灯位于驾驶室的顶部，驾驶室内部照明，灯光为白色，功率为 5 ~ 8 W。

雾灯位于汽车前部和后部，在能见度较低的雨雾天气时，为提高行车安全来照明。雾灯一般采用波长较长的黄色、橙色或者红色，因其穿透性较强。尾部的后尾灯一般只有一个，功率为 35 ~ 55 W。

照明系统除以上灯以外还有工作灯、门灯、踏步灯、行李厢灯以及阅读灯等。

二、照明系统的安装位置

不同的照明灯具根据其使用条件及使用特点其安装位置也有所不同。目前，汽车照明系统大多采用组合灯具，将前照灯、前转向灯、前小灯等组合在一起，构成前组合灯（图 5 – 1 所示为汽车前组合灯分解图），将倒车灯、制动灯、后转向灯、后小灯、后雾灯组合在一起，构成后组合灯。

图 5 – 1　汽车前组合灯分解图

图 5 – 2 所示为某款轿车前部和后部照明系统标注示意图。

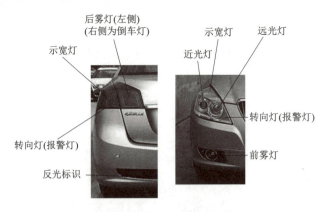

图 5 – 2　某款轿车前部和后部照明系统标注示意图

三、LED 灯

发光二极管（Light Emitting Diode，LED）是一种能够将电能转化为可见光的半导体，是一种常用的发光器件，通过电子与空穴复合释放能量发光，它在照明领域应用广泛。

LED 最初用于仪器仪表的指示性照明，随后扩展到交通信号灯，再到景观照明、车用照明。LED 具有与安全相关的优势，特别是在停车灯及方向指示灯方面，LED 与传统灯丝灯泡相比反应更快，在汽车行驶过程中 LED 可以使随后的车辆更早得到警示信号。在照明区域的均衡性方面 LED 也更具有优势，正因为使用 LED，功能区才能在第一时间实现完全照明，而不需要中间的有色透镜。

汽车 LED 灯根据其应用可分为配光灯和装饰灯两种。配光灯适用于仪表指示灯背光显示、前后转向指示、制动指示、倒车、雾及阅读等功能性方面；装饰灯主要用于汽车灯光色彩变换，起着车内外的美化作用。随着技术的发展和成本的降低，LED 灯的应用量大幅增加。图 5-3 所示为奥迪轿车 LED 前组合灯。

与传统汽车灯泡相比，LED 有如下几个方面的优势。

（1）点亮无延迟，响应时间更短，有利于防止车辆发生不安全事故。

（2）结构简单，内部采用支架结构，四周用透明的环氧树脂密封，有更强的抗振性能。

（3）发光纯度高，无须灯罩滤光，光波长误差在 10 nm 以内。

（4）发热量很小，对灯具材料的耐热性要求不是很高。

图 5-3 奥迪轿车 LED 前组合灯

（5）光束集中，更易于控制，且不需要用反射器聚光，有利于减小灯具的深度。

（6）节能。耗电量低，达到传统灯泡同等的发光亮度时，耗电量仅为传统灯泡的 6%。

（7）车辆控制电路不易氧化。

（8）使用寿命长。钨灯丝结构不发热，一般可用几万至十万小时。

（9）光线质量高，基本上无辐射，属于"绿色"光源。

（10）体积小，设计者可以随意变换灯具模式，令汽车造型多样化。

任务实施

外部灯光开启 车内仪表及 小灯功能组成
方式、手势配合 灯光检查 操作方式

操作一 全车灯光工作情况的检查

前照灯是汽车夜间行驶时使用的主要设备，前照灯亮度、光束角度如果不正确，将影响夜间行车安全。前照灯灯泡烧毁、污损、照射角度不正常，都是很危险的，因此对前照灯的检查很有必要。

在检查前照灯、转向灯、示宽灯、制动灯等灯光装置时需要两个人配合操作，如表 5 - 1 所示。

表 5 - 1   全车灯光检查

步骤	操作方法	图示
1	检查时，打开灯光开关，依次检查全车各部位的灯光	
2	踩下制动踏板查看制动灯情况。若发现不亮现象，应予以排除	

操作二　前照灯光束的调整

1. 使用前照灯测试仪调整前照灯（表 5 - 2）

表 5 - 2   前照灯光束的调整

步骤	操作方法	图示
1	将轮胎气压正常的空车停放在平坦的场地上	
2	在驾驶室内乘坐一名驾驶员或将 60 kg 的重物放在驾驶员位置上	
3	使车前部对准前照灯测试仪，按测试结果进行检查并调整	

2. 前照灯的手工调整（表 5 - 3）

表 5 - 3   前照灯的手工调整

步骤	操作方法	图示
1	将轮胎气压值符合规定的车辆停放在平坦的场地上	
2	在驾驶室内乘坐一名驾驶员或将 60 kg 的重物放在驾驶员位置上	
3	使车前部正对幕墙，并保持一定的距离（正面相对，相距 10 m 左右）	
4	打开灯光开关，对前照灯的光束进行调整	

步骤	操作方法	图示
5	以一只灯为单位进行调整，首先遮蔽其他前照灯	
6	拧动上下左右光束调整螺钉，使主光束（光度最高点）处于规定高度	

操作三　前照灯照明范围的调整

以长安逸动轿车为例，前照灯照明范围的调整方法如表 5 - 4 所示。

表 5 - 4　前照灯照明范围的调整

步骤	操作方法	图示
1	将车灯开关（旋钮）旋转至车灯开启位置	灯光控制标识清晰 操作常规
2	前照灯照明范围的调节旋钮在转向盘的左侧，右图所示为长安逸动灯光高度调节旋钮，灯光的调节不仅和行驶的道路情况有关还与车内的载荷有关	

操作四　前照灯灯泡的更换

提示：当前照灯不亮时，首先要检查插座和导线连接状况是否良好，然后检查熔丝、灯泡是否正常。如果确定是前照灯灯泡损坏，应及时更换前照灯灯泡，操作方法如表 5 - 5 所示。

项目五　汽车电气系统的维护与保养

表 5 – 5　前照灯灯泡的更换操作

步骤	操作方法	图示
1	打开发动机盖，找到前照灯防尘罩所在的位置	大灯防尘罩
2	打开防尘盖。不需要拧盖子很多圈，只需逆时针稍微加力即可取下	
3	松开弹簧夹，拔下卤素前照灯灯泡插头，从壳体中取出灯泡	
4	将新灯泡装入壳体，插上灯泡插头，用弹簧夹将灯泡固定，再装上前照灯的壳体盖	
5	盖上防尘盖，并测试	

任务 2　汽车空调系统的维护与保养

【学习目标】

知识目标	能力目标	思政要素和职业素养目标
（1）了解汽车空调系统的作用、组成； （2）能掌握对空调进行常规检查的方法	（1）能够对空调进行常规检查； （2）掌握汽车空调系统充注制冷剂等操作项目	（1）树立正确的学习观、价值观，自觉践行行业道德规范； （2）遵规守纪，团结协作，爱护设备，钻研技术； （3）发扬一丝不苟、精益求精的工匠精神

【任务引入】

一辆长安睿骋行驶了 24 000 km，在春末夏初的季节，都要对汽车空调做一次仔细的维护与保养，保证汽车驾驶员和乘客在夏季有一个舒适的车内环境，降低了驾驶员的疲劳程度，从而保证了行车安全。

【相关知识】

一、空调系统的组成

汽车空调系统一般由制冷系统、采暖系统、通风系统、操纵控制系统及空气净化系统组成。本任务将对空调系统的制冷、采暖以及通风系统的维护与保养做相关介绍。

1. 制冷系统的作用

汽车空调制冷系统的作用是对车内或由外部进入车内的新鲜空气进行冷却和除湿，使车内空气变得凉爽、舒适。

2. 制冷系统的组成

汽车空调制冷系统主要由压缩机、冷凝器、蒸发器、储液干燥器、膨胀阀及管路等部分组成，如图 5 - 4 所示。

1）压缩机

汽车空调压缩机是汽车空调制冷系统的心脏，起着压缩和输送制冷剂蒸气的作用。根据工作原理的不同，空调压缩机可以分为定排量压缩机和变排量压缩机。

2）冷凝器

冷凝器的作用是把来自压缩机的高温制冷剂气体冷凝成高压液体，并把吸收的热量放到车外环境去。由于使用 HFC - 134a 制冷剂后，系统压力升高，为提高冷凝效果，桑塔纳 LX 已将采用的管片式冷凝器改为传热效果更好的全铝管带式平流冷凝器。管带式冷凝器结构如图 5 - 5 所示。

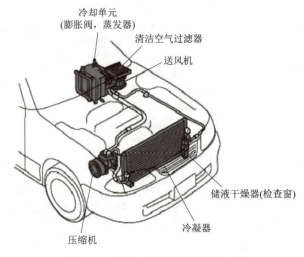

图 5 – 4　汽车空调制冷系统的组成

3）蒸发器

蒸发器安装在副驾驶员一侧杂物箱下方，采用风冷全铝板带式结构，它的功能是：经节流阀流入的制冷剂液体蒸发成气体，吸收车内热空气的热量，从而达到降温的目的。蒸发器上插有感温开关的毛细管。

4）储液干燥器

储液干燥器安装在发动机左前方纵梁上，它由过滤器、干燥剂、窥视玻璃

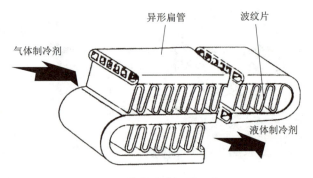

图 5 – 5　管带式冷凝器结构

孔、组合开关及引出管等部分组成。它的主要功能有储存制冷剂、吸收制冷剂中的水分及过滤异物、高低压保护等。

5）膨胀阀

膨胀阀的主要功能是：把高温、高压的液态制冷剂节流降压，转化为低压、低温的雾状物，送入蒸发器，并控制向蒸发器输送的供液量，防止过多的液体引起阻滞现象。

二、制冷系统的工作原理

制冷系统的工作原理如图 5 – 6 所示，制冷循环是由压缩、放热（冷凝）、节流（膨胀）和吸热（蒸发）4 个过程组成的。

1. 压缩过程

压缩机吸入蒸发器出口处低温、低压的制冷剂气体，把它压缩成高温（70 ℃左右）、高压（1.3 ~ 2.0 MPa）的气体，然后送入冷凝器。此过程的主要作用是压缩增压，以便气体液化。在压缩过程中，制冷剂状态不发生变化，而温度、压力不断升高，形成过热气体。

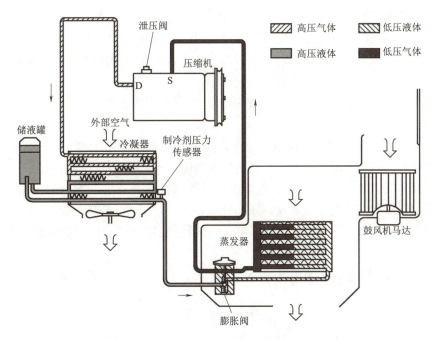

图 5 - 6　制冷系统的工作原理

2. 放热过程

高温、高压的过热制冷剂气体进入冷凝器（散热器）与大气进行热交换。由于压力及温度的降低，制冷剂气体冷凝成液体，并放出大量的热。此过程的作用是排热、冷凝。冷凝过程的特点是制冷剂的状态发生变化，即在压力、温度不变的情况下，由气态逐渐向液态转变。冷凝后的制冷剂液体是高压、高温液体。制冷剂液体，过冷度越大，在蒸发过程中其蒸发吸热的能力也就越大，制冷效果越好，即产冷量相应增加。

3. 节流过程

高温、高压制冷剂液体经膨胀阀节流降温（-5 ℃）、降压（0.15~0.25 MPa），以雾状（细小液滴）排出膨胀装置。该过程的作用是使制冷剂降温、降压，由高温、高压液体迅速地变成低温、低压液体，以利于吸热、控制制冷能力以及维持制冷系统正常运行。

4. 吸热过程

经膨胀阀降温、降压后的雾状制冷剂液体进入蒸发器，因为此时制冷剂沸点远低于蒸发器内温度，故制冷剂液体在蒸发器内蒸发、沸腾成气体。在蒸发过程中大量吸收周围的热量，降低车内温度。而后低温、低压的制冷剂气体流出蒸发器等待压缩机再次吸入。吸热过程的特点是制冷剂状态由液态变化到气态，此时压力不变，即在定压过程中进行这一状态的变化。

上述过程周而复始地进行，便可使汽车内温度达到给定的状态并维持在该状态。

三、空调使用的注意事项

正确使用空调对其性能及寿命、发动机的工作稳定及功耗、乘员的舒适性都有很大的影响。空调的使用注意事项如下。

（1）为保证取暖和通风正常工作，风窗玻璃前的进风口应避免被障碍物遮盖。

（2）空调的设计使用温度应在环境温度 5 ℃ 以上，故使用时的环境温度应高于 5 ℃。

在使用前应检查系统中制冷剂的量是否合适，是否存在泄漏部位，冷凝器冷却风扇能否正常工作，如发现问题，要在修复后方可使用。

（3）在使用空调时，必须保持系统的清洁，特别是需要经常清除冷凝器和蒸发器散热片中的灰尘，以保持良好的热交换效果。

（4）若车辆在太阳下停放时间过长，车厢内温度很高时，应首先打开车门、车窗，开启空调驱散热气，然后关闭门、窗，以提高空调制冷效果。

（5）空调系统应在发动机冷却水温度正常时使用，如发动机因大负荷工作引起水温过高，需暂停使用空调，直至水温正常再重新开启。

（6）应避免在停车时，或在怠速、高温下长时间使用空调，以免因系统温度和压力过高而损坏。

（7）桑塔纳 2 000 型轿车使用 R – 134a 制冷剂，不允许与 R – 12（氟利昂）混用，否则会使制冷性能下降或系统损坏。

（8）在不使用空调的季节，每周也需使空调工作 5 ~ 10 min，以便润滑空调系统，防止压缩机等部件内部生锈，保持良好的技术状态。

四、冷媒加注

加注冷媒

抽真空及充注制冷剂的工具如下。

（1）真空泵的容量必须超过 18 L/min（2.6 Pa）。

（2）检修压力表组、高压表及低压复合表也称为歧管压力表，它是汽车空调检修操作中的主要工具，在抽真空、加注制冷剂和检查制冷循环压力情况时都要使用到。汽车空调歧管压力表结构如图 5 – 7 所示，主要由高压表（计）、低压表（计）、阀体、单向阀（史特拉阀）、高低压侧手动阀、连接软管等组成。

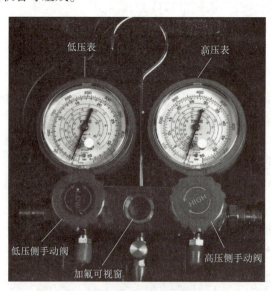

图 5 – 7　汽车空调歧管压力表

（3）检漏仪：检漏仪是用来检查空调制冷系统有无泄漏部位的主要工具，它是一种丙烷燃烧喷灯，利用制冷剂气体进入安装在喷灯的检测管（吸入管）内，会使喷灯的火焰按漏气的多少相应地改变颜色这一特性来判断制冷剂的泄漏部位及泄漏程度。检漏灯式检漏仪结构如图 5-8 所示。

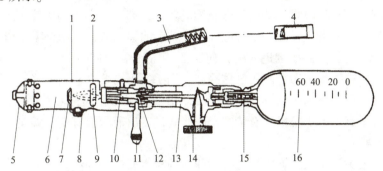

图 5-8　检漏灯式检漏仪

1—焰的上限；2—焰的下限；3—吸入管；4—粗滤器；5—盖；6—焰筒；7—焰环；8—焰环螺钉；9—点火孔；10—喷孔；11—座；12—喷嘴；13—阀体；14—阀调整柄；15—史特拉阀；16—丙烷槽

（4）若充注的制冷剂为小罐，则还需备有制冷剂注入阀（图 5-9）。若为大瓶制冷剂，则必须配备制冷剂计量工具。

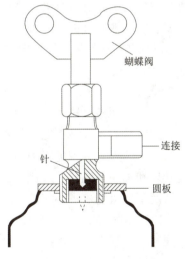

图 5-9　制冷剂注入阀

任务实施

空调制冷
性能检查

蒸发箱温度
传感器检查

操作一　制冷系统的常规检查

由于不同的制冷剂的特性不同，要求系统配制不同的冷冻机油、干燥剂、橡胶密封材料、连接软管以及不同的压缩机、膨胀阀、恒温控制器、压力开关等部件，因此，在对空调系统进行维护时，首先要确认该系统采用何种制冷剂，以便采取相适应的措施和材料，这一点非常重要。

1）手感检查

空调系统工作时，将手放在车厢冷风出口处应有冰凉的感觉，否则空调不制冷。

触摸空调制冷剂循环回路，低温、低压侧应较冷，高温、高压侧应较热。两手分别触摸压缩机进、出气管，前者应较凉，后者应发烫，若无明显温差，说明该系统泄漏或缺少制冷剂。触摸冷凝器，上部（制冷剂进入端）应比下部（制冷剂流出端）热，若两者温差不大，说明冷凝器堵塞，未能将高温、高压气体冷却。用手摸干燥器进、出液管，其温差应很小或无温差，否则说明干燥器因脏堵塞。手摸冷凝器出液管至膨胀阀进液管间所有管道和部件，温度应一致，哪里有温差，哪里就有堵塞；膨胀阀进、出液管应有明显温差。

2）目测检查

检查各管道接头、压缩机轴封、冷凝器和蒸发器表面有无油渍。若有油渍，说明该处密封不严，制冷剂泄漏。之所以有油渍，是因为制冷剂泄漏后立即进入大气，而混在制冷剂中的冷冻机油却留下来。检查膨胀阀出口至制冷压缩机的软管应发冷结露，但不结霜；若在压缩机吸气管表面挂霜或有大量露滴，说明膨胀阀开得过大或感温包失灵。检查压缩机、风扇V形传动皮带，若V形传动皮带侧面发亮，说明V形传动皮带过松打滑。

3）听诊检查

压缩机工作时，接通电磁离合器，若听到有刺耳的摩擦声，说明离合器打滑。若压缩机有不正常的敲击声，说明压缩机安装松动或阀片破碎，轴承因磨损而损坏，或润滑油太少引起干摩擦。若V形传动皮带处发出"唧唧"响声，向V形传动皮带上洒点水后响声减弱或消失，说明V形传动皮带松动或过度磨损。

4）窥视镜检查

储液干燥器的盖子上或出口处有一透明玻璃窥视镜，通过窥视镜可检查循环制冷剂的流量。空调系统正常工作时，应能看到清澈且无气泡的制冷剂在不停地流动，且蒸发器出风口是冷的。由于制冷剂是透明的，容易混淆人们的视觉，为便于观察，可抖动发动机油门，这时有可能出现气泡；或周期性地开启和关闭空调，若关机后出现小气泡，随即逐渐消失，说明制冷剂量适当。另外，在高温情况下也可能出现小气泡，应注意区分。

若玻璃窥视镜内每隔1~2 s就能看到气泡流动，且冷凝器出风口不够冷，说明制冷剂不足；若窥视镜内连续不断地出现气泡，且出风口不冷，说明制冷剂漏得差不多；若窥视镜内无气泡，但出现类似雾状的油沫流动，或出现油沫条纹，说明制冷剂已全部漏光；若窥视镜内出现浑浊的乳状液体，说明干燥器内漏出干燥剂。

5）仪表检查

将压力表接在制冷压缩机排气阀高压端和进气阀低压端，当发动机转速稳定在2 000 r/min左右，蒸发器入口温度为30~35 ℃，风速调至最高挡，温度调至强冷挡时，若高压端排气压力表指示为1.3~1.5 MPa，低压端压力表指示为0.15~0.25 MPa，说明系统正常。

若高压端排气压力过高，则可能是风扇V形传动皮带松弛或冷凝器片堵塞；若停机后压力迅速下降，则可能是制冷剂中进入空气所致。

若高压端排气压力过低，则可能是制冷剂不足，热敏管漏气，膨胀阀冻结、损坏等；若停机后高、低压端压力很快相等，则可能是压缩机排气阀或进气阀损伤，也可能是排气阀被杂物卡住。

操作二 空调歧管抽真空

抽真空

空调歧管抽真空操作方法如表 5 – 6 所示。

表 5 – 6 空调歧管抽真空

步骤	操作方法	图示
1	分别将高压表接入储液罐的维修阀，低压表接入自蒸发器至压缩机低压管路上的维修阀，中间注入软管安装于真空泵接口	
2	启动真空泵，打开歧管表高低压手动阀	
3	系统抽真空，使低压表所示的真空度达 105 Pa，抽真空时间为 5 ~ 10 min	低压表　高压表　全开放　全开放
4	关闭真空泵手动阀，真空泵继续运转，打开制冷剂罐，让少量 R – 134a 制冷剂进入系统（压力为 0 ~ 49 kPa），关闭罐阀	
5	放置 5 min，观察压力表，若指针继续上升，说明真空下降，系统有泄漏之处，应使用检漏仪进行泄漏检查，并修理堵漏	空气
6	继续抽真空 20 ~ 25 min，并重复第 5 项，如压力指针保持不动，说明无泄漏，可进行下一步操作	真空泵
7	关闭高、低压表的手动阀，停止抽真空，从真空泵的接口拆下中间注入软管，准备注入制冷剂	

项目五 汽车电气系统的维护与保养

161

操作三　加注制冷剂

加注制冷剂操作方法如表 5–7 所示。

表 5–7　加注制冷剂

步骤	操作方法	图示
1	抽完真空后，将注入阀连接在制冷剂罐上	
2	将高、低压表的中间注入软管安装在注入阀接口上，顺时针拧紧注入阀手柄，使阀上的顶针将制冷罐顶开一个小孔。逆时针旋松注入阀手柄，退出顶针，使制冷剂进入中间注入软管。如第 1 罐用完，再用第 2 罐、第 3 罐时，仍应先关闭压力表的手动阀，重新顶开罐孔，中间注入软管在表头处拧松，以排出管内空气	低压表　高压表　关闭　全开放　LO　HI　工作鼓　开放
3	拧松连接高、低压表中心接头处的注入软管螺母，如看到白色制冷剂气体外溢，或听到嘶嘶声，说明注入软管中的空气已排出，可以拧紧该螺母。桑塔纳 2 000 系列轿车制冷剂充注量为（1 150 ± 50）g	
4	旋开高压表侧手动阀，将制冷剂罐倒立，使制冷剂以液态注入制冷系统。在充注时不得起动发动机和打开空调，以防制冷剂倒灌	
5	旋开低压侧手动阀，使制冷剂以气态形式通过低压侧注入。此时要防止液体注入，以免造成液击，损坏压缩机	低压表　高压表　开放　关闭　LO　HI　绝对不能打开高压阀
6	如制冷剂不足，则可关闭高压侧手动阀，开启低压侧手动阀，将制冷剂罐直立。起动发动机接合压缩机快速运转，让气态制冷剂从低压侧吸入压缩机	
7	向系统充注规定质量的制冷剂后，停止发动机，关闭高、低压表的两个手动阀和制冷剂罐上的注入阀，拆除低压侧维修阀软管，待高压侧压力下降后，方可从高压侧维修阀拆下高压表软管	开放　吸入　工作鼓

任务3　蓄电池的维护

【学习目标】

知识目标	能力目标	思政要素和职业素养目标
（1）了解蓄电池的作用； （2）熟悉蓄电池的结构	能够正确维护蓄电池	（1）树立正确的学习观、价值观，自觉践行行业道德规范； （2）遵规守纪，团结协作，爱护设备，钻研技术； （3）发扬一丝不苟、精益求精的工匠精神

【任务引入】

客户报修：

一辆使用两年多的长安逸动轿车最近出现发动机起动无力并且隔夜无法起动的现象。

分析原因：

维修人员初诊为蓄电池没电了。经过进一步检查，发现该车蓄电池出现了严重的亏电现象，建议客户更换蓄电池。

【相关知识】

一、蓄电池的作用

蓄电池也叫电瓶，是汽车上的两个电源之一，在汽车上与发电机并联，共同向用电设备供电。

蓄电池是一种能将化学能转换为电能，同时能将电能转化为化学能的可逆低压直流电源。当蓄电池放电时，其储存的化学能转换为电能；当蓄电池充电时，电能转换为化学能储存起来，当化学能储存满后充电结束。

汽车上的蓄电池的作用概括起来有以下几点。

（1）在发动机起动时，向起动机和点火系统供电。

（2）在发电机不发电或者电压较低的情况下向备用设备供电。

（3）当发电机超载时，协助发电机供电。

（4）当蓄电池存电不足，而发电机负载较小时，可作为能量储存装置，将发电机的电能转化为化学能储存起来。

（5）过载保护。蓄电池相当于一个大容量电容器，在发电机转速和负载有比较大的变化时，能够保持汽车电气系统电压的相对稳定。同时，蓄电池还可吸收发电机产生的瞬间过电压，保护汽车电子元件不被损坏，所以，发电机不允许脱开蓄电池运转。

二、蓄电池的结构

蓄电池由多个单个蓄电池组成，每个单个电池由正极板、负极板、隔板、电解液和壳体等组成。蓄电池的构造如图 5 – 10 所示。单个蓄电池电压为 2 V，根据所需电压不同，蓄电池可由 3 格、6 格，以及 12 格组成。例如，家用轿车的 12 V 蓄电池由 3 个单格蓄电池组成。

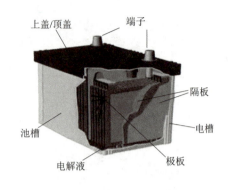

图 5 – 10　蓄电池构造

三、蓄电池的使用与维护

1. 蓄电池的日常维护

为了使蓄电池经常处于完好状态，延长其使用寿命，对使用中的蓄电池需进行下列维护工作。

（1）观察蓄电池外壳表面有无电解液漏出。

（2）检查蓄电池在车上安装是否牢靠，导线接头与极桩的连接是否紧固。

（3）经常清除蓄电池盖上的灰尘、泥土，擦去顶上的电解液，疏通加液口盖上的通气孔，清除极桩和导线接头上的氧化物。

（4）定期检查和调整电解液的相对密度及液面高度。

（5）经常检查蓄电池放电程度，亏电时及时进行充电。

2. 蓄电池储存

对于长期不使用的蓄电池，应对其进行储存，在储存前首先应将电池电量充足，使其电解液的相对密度达到规定值。当电解液液面达到正常高度时，盖上加液口盖后放置于室内暗处。储存的时间不宜超过 6 个月，期间应定期检查电解液相对密度和用高功率放电计检查容量。

3. 蓄电池使用时的注意事项

（1）在汽车打火时，发动机每次起动时间不能超过 5 s，两次起动时间间隔必须大于 15 s。

（2）经常检查蓄电池的安装是否牢靠，起动电缆线与极桩之间的连接是否牢靠，检查电缆线的线夹与极桩之间是否有氧化物，如有氧化物应进行及时清理。

（3）经常检查蓄电池盖表面是否清洁，及时对灰尘、电解液等脏物进行清理。

（4）对蓄电池电解液液面高度进行定期检查，当液面降低到规定高度以下时应及时添加电解液。

（5）定期对蓄电池进行充电，以保证蓄电池始终保持良好的状态。

（6）经常检查蓄电池的放电程度，超过规定时应立即进行充电。

（7）特别是北方地区，冬季要加强蓄电池的充电检查，以防电解液结冰。

四、蓄电池的充电

蓄电池充电方法

1. 蓄电池的充电作业方法

蓄电池的充电作业方法通常有恒压充电、恒流充电和脉冲快速充电三种，目前比较重要的充电方法是脉冲快速充电。根据使用情况，蓄电池的充电作业分初充电和补充充电两种充电过程。

在给蓄电池充电时应当采用专用的充电机进行充电，如图 5-11 所示。

2. 蓄电池充电时的注意事项

（1）严格遵守各种充电方法的操作规范充电过程中，要及时检查并记录各单格电池电解液密度和端电压。

（2）若发现个别单格电池的端电压和电解液密度上升比其他单格电池缓慢，或者变化不明显，应当停止充电，并及时查明原因。

图 5-11　汽车蓄电池充电机

（3）在充电过程中，必须随时测量各单格电池的温度，以免温度过高影响蓄电池的性能。

（4）初充电作业应连续进行，不可长时间间断。

（5）充电时，应旋开出气孔盖，使产生的气体能顺利逸出，充电室要安装通风和防火设备，在充电过程中严禁烟火，以免发生事故。

（6）充电时，一定要将蓄电池负极断开，否则充电机的高电压可能会损坏电控系统的电气元件。

（7）若蓄电池长时间未在行车中使用，必须进行小电流充电。

（8）对过度放电的蓄电池（空载电压为 11.6 V 或更低）进行充电时，不能采用脉冲快速充电的方法。

任务实施

操作一　蓄电池的更换

汽车蓄电池的更换操作如表 5-8 所示。

表 5-8　蓄电池的更换

步骤	操作方法	图示
1	蓄电池的拆卸操作如下。 在取下蓄电池导线时，应先断开蓄电池负极导线，再断开蓄电池正极导线。安装时，按照与拆卸相反的顺序进行	扳手 负极紧固螺母　紧固块

续表

步骤	操作方法	图示
2	拧松蓄电池负极桩螺栓，取下负极桩导线，再将蓄电池正极桩上的导线拆下	撬松紧固块后即可拔出负极接头
3	拆下蓄电池固定座上的固定压杆，取出蓄电池	
4	蓄电池的安装操作如下。 蓄电池的安装顺序应当与拆卸顺序相反，同时应当注意以下事项。 ①蓄电池一定要安装牢靠。若未可靠固定，将会影响蓄电池的使用寿命。 ②一定要先安装并固定好蓄电池正极导线，然后再安装蓄电池负极导线。 ③蓄电池正、负极不能接反，否则会造成汽车电子部件损坏	有的车型用的是钢板 锁紧带

操作二　电解液相对密度的测量

电解液相对密度的测量操作见表 5 – 9。

表 5 – 9　电解液相对密度的测量

步骤	操作方法	图示
1	用蓄电池电解液密度测量仪进行测量，测量工具如右图所示	
2	先旋下加液孔盖，用吸管吸取少量电解液，将电解液涂在密度测量仪的玻璃板上，通过透光镜对电解液的密度值进行观察	
3	查看密度测量仪视窗，电解液相对密度值为1.19，数值偏低，应及时为蓄电池充电。一般应保证电解液相对密度值为1.2以上	WATERLINE

操作三　蓄电池检测仪测量

蓄电池检测仪是一款检测汽车蓄电池在汽车起动过程、充电过程和用电负荷过程性能的仪器。采用蓄电池检测仪测量蓄电池的操作如表 5 - 10 所示。

表 5 - 10　蓄电池检测仪测量蓄电池的操作

步骤	操作方法	图示
1	若汽车在发动中，需将发动机熄火并将汽车钥匙旋至 OFF 位置。汽车在行驶一段时间后电池将处于充饱状态，电压会略高于正常值，可将大灯开启 2 ~ 3 min，待电压降回至正常值后再进行测量	
2	将测试夹分别夹住待测电池的正负极（红色接正极、黑色接负极），正确连接后仪器开启并进入"选择电池电压"界面。待测电池极柱上有铁箍时，请确保铁箍与电池极柱之间接触良好	
3	测试过程如下。 ①根据待测电池的电压按"▲/▼"键选择 12 V 或 24 V 测试项（下面以 12 V 为例），选择后按"OK"键。 ②在"选择测试项目"界面，按"▲/▼"键选择"电池启动能力"，选择后，按"OK"键进入"选择电池形式"界面。 ③根据电池型号按"▲/▼"键选择电池形式，确认选择后，按"OK"键进入"选择电池规格"界面。 电池为"JIS"标准时，可直接输入 CCA 值（CCA 已知的情况下）或根据电池型号调出对应的冷起动电流标准参数值。 ④按"▲/▼"键（长按可实现数值连调）调整数值，直到数值与电池的冷起动电流标准参数一致。 ⑤按"TEST"键或"OK"键测试，屏幕显示测试结果。 ⑥此时按"ESC"键，仪器可返回"选择电池规格"界面	
4	测试结果说明如下。 ①电池电压。一般情况下，汽车空载（未起动）时电池电压最佳为 12.3 ~ 13 V，若电压低于 12.3 V，原因可能为电池亏电或老化。 ②内阻值。电池的 CCA 值越大，内阻一般会越小。内阻的标准因电池制造材质不同而有所不同，因此没有一定的标准，但同一个厂商相同型号的电池，出厂时内阻值不会相差太大。使用 24 V 电压测试时，内阻为两组 12 V 电池串联的总和。 ③CCA 值。一般汽车（燃料为汽车或柴油）在起动时都有最低起动电流标准，电池输出的冷起动电流大于汽车最低冷起动标准为最佳。当使用 24 V 电压测试时，CCA 值为两组 12 V 电池串联和的 1/2。 ④寿命。仪器所测量评估的寿命为被测电池综合工作状况的使用状态，因此当电池寿命低于 45% 时建议更换	

操作四　蓄电池的充电

蓄电池充电操作如表 5 – 11 所示。

蓄电池充电方法

表 5 – 11　蓄电池充电操作

步骤	操作方法	图示
1	将蓄电池极柱和表面清理干净，将液面高度调整至正常水平	
2	按图将蓄电池和充电机正确连接	
3	根据蓄电池的电压等级选择合理的电压挡位	
4	打开充电机的电源开关，调节电压旋钮，观察电流表示数，直到电流表示数指示所确定的电流值为止	
5	通过观察窗观察蓄电池的内部情况，用万用表测量蓄电池两端的电压，当有连续气泡冒出或连续 3 h 电压不变时，应立即停止充电	

操作五　蓄电池的应急跨接起动

如果一辆车因蓄电池电量不足而导致发动机不能正常起动，可以考虑采用蓄电池应急跨接起动的方法使被救援的车辆顺利起动。蓄电池的应急跨接起动如表 5 – 12 所示。

表 5 – 12　蓄电池的应急跨接起动

步骤	操作方法	图示
1	准备一对起动跨接电缆	
2	找一辆蓄电池电力充足，与被救援车辆电压一致的救援汽车，将两车靠近，直到跨接电缆足够连接到两块蓄电池的正负极	
3	确定两车蓄电池的正极和负极，使用跨接电缆先将救援车辆正极与被救援车辆正极连接（注意正极夹子金属部分不能与车身任何地方接触），然后连接救援车辆负极与被救援车辆负极	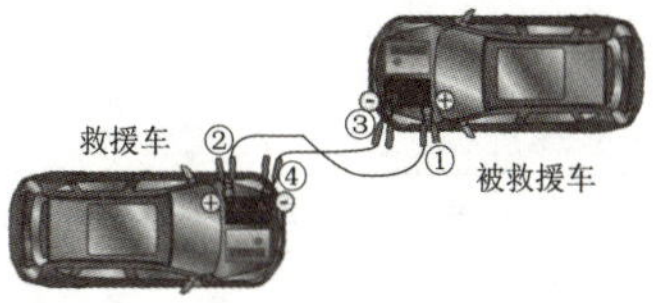
4	分别将两车与发动机起动无关的电气设备关闭，救援车辆先起动运转几分钟，并保持发动机转速在 2 000 r/min 左右，之后被救援车辆打火起动，待被救援车辆发动机起动并运转平稳后，先将两车跨接电缆的负极电缆取下，再取下正极电缆，蓄电池的应急跨接起动过程结束	

项目五　汽车电气系统的维护与保养

任务4　汽车交流发电机的维护

【学习目标】

知识目标	能力目标	思政要素和职业素养目标
（1）了解交流发电机的作用； （2）熟悉交流发电机的结构	（1）能够检查、调整交流发电机； （2）能够按照正确的操作规范更换发电机	（1）树立正确的学习观、价值观，自觉践行行业道德规范； （2）遵规守纪，团结协作，爱护设备，钻研技术； （3）发扬一丝不苟、精益求精的工匠精神

【任务引入】

客户报修：

一辆使用两年多的长安逸动轿车起动后充电指示灯不熄灭，发动机在中速以上运转时打开前照灯，灯光暗淡，按动喇叭，喇叭声音小。

分析原因：

维修人员根据该车的故障现象初步判断为发电机故障。汽车上的发电机必须满足车辆的正常需要。如果发电机出现故障，会导致发电机起动后充电指示灯常亮。

【相关知识】

一、交流发电机概述

交流发电机安装在发动机的前端，通过发电机V带传递动力，交流发电机由汽车发动机驱动，是汽车电气设备的主要电源，它在正常工作时，对除起动机以外的所有用电设备供电，并向蓄电池充电以补充蓄电池在使用中所消耗的电能。

二、交流发电机的结构

按总体结构分类，汽车用交流发电机可分为普通交流发电机和整体式交流发电机等。整体式交流发电机由定子、转子、整流器和端盖等部分组成。整体式交流发电机与普通交流发电机的不同点是增加了电压调节器，此电压调节器为集成电路调节器。调节器的作用是在发电机转速变化时自动调节发电机的输出电压并使其保持稳定。

三、交流发电机的使用与维护

发电机维护

1. 交流发电机与调节器的使用注意事项

（1）蓄电池必须负极搭铁，不能反接，否则会损坏发电机与调节器中的电子元件。

（2）发电机工作时，不允许用试火的方法检查发电机的火线接线柱是否发电，否则将损坏发电机的整流器。

（3）当发现发电机不发电或发电量小时，应及时检修，否则易导致蓄电池充电不足。

（4）发电机正常工作时，切不可任意拆动用电设备的连接线，以免电路中的瞬时过电压损坏电子元件。

（5）发动机自行熄火时，应及时关闭点火开关，以防蓄电池通过励磁电路放电。

（6）选用专用调节器，在特殊情况下临时使用代用调节器时，需注意代用调节器的标称电压与搭铁极性是否相符。

2. 交流发电机与调节器的维护注意事项

1）充电系统的初步检验

进行充电系统初步检验是很有必要的，许多故障都是从这个简单的步骤中查出的。充电系统初步检查项目如下。

（1）检查发电机、调节器的线束连接。

（2）检查蓄电池的电缆线和极桩，检查发动机与底盘的搭铁线。

（3）检查蓄电池有无充电不足的迹象。

（4）检查蓄电池有无过充的迹象。

2）解体后的检查

解体后清洁各个部件，在进行零部件检测前进行简单检验。

（1）使前后轴承在转子轴上旋转，检查轴承有无噪声、晃动或发涩，如果有任何一种情况，都必须更换轴承。

（2）目视检查集电环。如果集电环烧蚀、划伤、变色、变脏，可用细纱布抛光。

（3）目测定子绕组和励磁绕组转子有无绝缘物烧蚀的迹象，如果有，应更换定子或转子总成。

（4）目测前后端盖、风扇及皮带有无裂纹，若有，应及时进行更换。

（5）电刷高度小于 7 mm，必须及时更换。

3）发电机的拆卸注意事项

（1）必须先拆下蓄电池的搭铁线，然后才可以断开发电机和调节器的线束。

（2）在拆卸发电机轴承时应采用拉力器。

（3）一般情况下，发电机皮带轮、风扇和前端盖不必从转子轴上拆卸下来。

（4）在拆卸整流器及后端盖上的接线柱时，应将所有的绝缘衬套和绝缘垫有条理地进行摆放。

项目五

汽车电气系统的维护与保养

任务实施

操作　交流发电机的拆装

交流发电机的拆装操作如表 5 - 13 所示。

表 5 - 13　交流发电机的拆装

步骤	操作方法	图示
1	拆卸发电机风扇导流板	
2	拆卸整流器总成（整流器总成包含二极管总成和电压调节器总成）	
3	拆卸发电机后端盖（四颗螺丝，对角拆卸。后端盖固定较紧，应使用工具拔盘器拔出）	
4	拆卸发电机皮带轮	
5	使用拔盘器拔出前端盖	
6	定子与转子分离	

任务 5　其他汽车电气设备的维护

知识目标	能力目标	思政要素和职业素养目标
（1）了解电喇叭的类型与结构； （2）了解风窗玻璃刮水器的作用和组成	能够正确调整电喇叭	（1）树立正确的学习观、价值观，自觉践行行业道德规范； （2）遵规守纪，团结协作，爱护设备，钻研技术； （3）发扬一丝不苟、精益求精的工匠精神

【任务引入】

一辆使用两年多的长安逸动轿车，该车风窗玻璃刮水器刮水片清洁风窗玻璃的效果变差。

【相关知识】

一、喇叭信号装置

1. 汽车喇叭的类型与特点

汽车喇叭主要用于警告行人和其他车辆，以引起注意，保障行车安全。

喇叭按发音动力有气喇叭和电喇叭之分；按外形有螺旋（蜗牛）形、筒形、盆形之分；按音频有高音和低音之分；按接线方式有单线制和双线制之分。

气喇叭利用气流使金属膜片振动产生音响，外形一般为筒形，多用在具有空气制动装置的重型载重汽车上。电喇叭利用电磁力使金属膜片振动产生音响，声音悦耳，广泛应用于各种类型的车上。

电喇叭按有无触点可分为普通电喇叭和电子电喇叭。普通电喇叭主要是靠触点的闭合和断开控制电磁线圈激励膜片振动而产生音响的；电子电喇叭中无触点，它是利用晶体管电路的激励膜片振动产生音响的。

2. 电喇叭的结构

电喇叭主要由下铁芯、线圈、上铁芯、膜片、共鸣板、衔铁、触点、调整螺钉等组成，结构如图 5－12 所示。

项目五　汽车电气系统的维护与保养

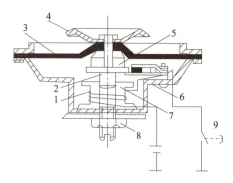

图 5 – 12　盆形电喇叭结构

1—磁化线圈；2—活动铁芯；3—膜片；4—共鸣片；5—振动块；6—外壳；7—铁芯；8—螺母；9—按钮

雨刷片的检查与更换

二、风窗玻璃刮水器

1. 风窗玻璃刮水器的作用

风窗玻璃刮水器的作用是清除风窗玻璃上的雨水、雪或尘土，以保证驾驶员可以有良好、清晰的视线。

2. 风窗玻璃刮水器的组成

现在的车型基本都是采用电动刮水器，它主要由刮水刷片、刮水刷臂、刮水器电动机、传动机构等部分组成，如图 5 – 13 所示。

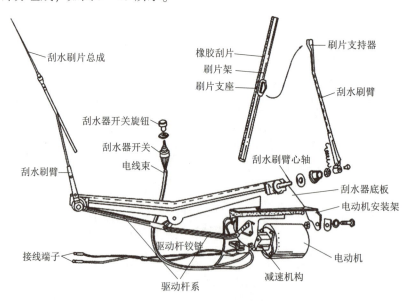

图 5 – 13　刮水器的组成

3. 刮水器使用注意事项

刮水器在使用中稍有不当，可能会造成刮水器部件的损坏，从而影响雨天驾驶的效果。

为此，在使用刮水器时应从以下几个方面加以注意。

（1）刮水器电动机大多做成封闭式，不可随意拆卸。若必须拆卸刮水器电动机，装配时要保持内部清洁，不可将铁屑之类的污物落在其内部；装配时还要注意向含油轴承的毛毡上加注少许润滑油，并更换或补充减速器内的润滑脂。

（2）刮水器电动机一般不要拆下，若因故障必须拆下时，要防止电动机跌落损坏，因为刮水器电动机大多采用永磁直流电动机，其磁极多采用陶瓷材料。

（3）要定期检查刮水刷片，当发现其严重磨损或有脏物时应及时更换或清洗，否则将降低刮水器的工作效能，影响驾驶员的视线。清洗刮水刷片时，可用蘸有酒精清洗剂的棉丝沿刮水方向擦去刮水刷片上的污物。不可用汽油渍洗和浸泡刮水刷片，否则会引起变形，影响其工作效能。

（4）在试验刮水器工作情况时，风窗玻璃应该先用水润湿，否则可能会刮伤玻璃，同时由于刮水刷片摩擦阻力大，还有可能损伤刮水刷片或烧坏电动机。

（5）使用时，若断开刮水器开关，刮水刷片应能自动回到风窗玻璃的下侧之后停止。若位置不当，应进行检修。

（6）在冬季使用刮水器时，若发现刮水刷片被冻住或被雪卡住，应立即关闭开关，清除杂物后再使用，否则会因阻力过大而烧坏刮水器电动机。

（7）当风窗玻璃清洗液缺少时，应及时补充玻璃清洗液。

（8）必须经常检查刮水刷片，可用清水和中性肥皂水清理刮水刷片。如果刮水刷片的性能已经变差，则必须更换。

（9）刮水刷片至少每年更换一次。

任务实施

操作 电喇叭的调整

电喇叭的调整包括音调调整和音量调整两个部分，以盆形电喇叭为例进行说明。

1. 音量调整

电喇叭的音量与通过电喇叭线圈的电流的大小有关，电喇叭的工作电流大，电喇叭发出的音量也就大。电喇叭线圈电流可以通过改变电喇叭触点的接触压力来调整。操作方法如表 5 – 14 所示。

表 5 – 14 音量调整操作方法

步骤	操作方法	图示
1	松开音量调整螺钉上的锁紧螺母	
2	旋转音量调整螺钉，按动喇叭按钮，听取音量	
3	当调至合适的音量时，旋紧音量调整螺钉上的锁紧螺母即可	

2. 音调调整

音调的高低取决于膜片的振动频率。通过改变盆形电喇叭上、下铁芯之间的间隙就可以改变膜片的振动频率。将上、下铁芯之间的间隙调小，可提高电喇叭的音调。音调调整方法如表 5 – 15 所示。

表 5 – 15　音调调整

步骤	操作方法	图示
1	松开音调调整螺钉上的锁紧螺母	
2	旋转音调调整螺钉，按动喇叭按钮，听音调	
3	当调至合适的音调时，旋紧音调调整螺钉上的锁紧螺母即可	

小　　结

（1）两灯制是指在汽车前端左右各装一个前照灯，四灯制是指在汽车前端左右各装两个前照灯。

（2）LED 灯是一种能够将电能转化为可见光的半导体。

（3）制冷系统的作用是对车内或由外部进入车内的新鲜空气进行冷却和除湿，使车内空气变得凉爽、舒适。

（4）汽车空调压缩机是汽车空调制冷系统的心脏，起着压缩和输送制冷剂蒸气的作用。

（5）制冷循环是由压缩、放热（冷凝）、节流（膨胀）和吸热（蒸发）4 个过程组成的。

（6）汽车的两个电源分别是蓄电池和交流发电机。

（7）蓄电池是一种能将化学能转换为电能，同时能将电能转化为化学能的可逆低压直流电源。

（8）单个蓄电池电压为 2 V，根据所需电压的不同，蓄电池可由 3 格、6 格、12 格组成。

（9）调节器的作用是在发电机转速变化时自动调节发电机的输出电压并使其保持稳定。

（10）喇叭按发音动力有气喇叭和电喇叭之分。

（11）风窗玻璃刮水器的作用是清除风窗玻璃上的雨水、雪或者尘土，以保证驾驶员可以有良好、清晰的视线。

练习思考题

1. 简要描述一下 LED 灯的发光原理。

2. LED 灯与卤素灯相比有什么优势？

3. 前照灯在调节时应当注意什么？
4. 详述制冷剂在制冷系统部件中的物理状态及温度状态。
5. 简述制冷系统制冷剂的添加过程。
6. 简述汽车蓄电池的作用。
7. 汽车蓄电池的充电方法有哪几种？各有什么特点？
8. 详述交流发电机的组成及各部件的作用。
9. 简述刮水器的使用注意事项。

项目五　汽车电气系统的维护与保养

项目六
汽车新能源部分的维护与保养

任务 1　汽车动力电池系统的维护与保养

【学习目标】

知识目标	能力目标	思政要素和职业素养目标
（1）了解电动汽车动力电池系统的结构及功用； （2）掌握电动汽车动力电池系统的基本检查项目和方法内容	（1）能说明电动汽车动力电池系统的结构及功用； （2）能进行电动汽车动力电池系统的基本检查	（1）树立正确的学习观、价值观，自觉践行行业道德规范； （2）遵规守纪，团结协作，爱护设备，钻研技术； （3）发扬一丝不苟、精益求精的工匠精神

【任务引入】

客户报修：

一辆长安逸动 EV460 电动汽车行驶里程为 4 万 km，车主反映该车在上电运行时有些迟缓，便把爱车开到新能源汽车维修中心要求维修人员对该车的动力蓄电池进行一次全面的性能检测及保养。

分析原因：

产生这种现象的原因可能有：动力蓄电池线路松动导致接触不良；控制器件外表脏污导致散热不良等。

【相关知识】

一、动力蓄电池系统概述

电动汽车动力蓄电池系统主要包括动力电池储能系统、动力电池管理系统（BMS）和动力电池充电系统三大部分。动力电池是新能源汽车的核心，为整车提供驱动车辆行驶的电能。

在电动汽车中为车辆提供动力源的电池，称为动力电池。它是电动汽车的核心部件，也是电动汽车上价格最高的部件之一。动力电池的作用是接收和储存由车载充电机、制动能量回收装置或外置充电装置提供的高压直流电，并且为电动汽车提供高压直流电。

电动汽车中动力电池作为整个汽车的动力源，它取代了传动燃油汽车的内燃机，相当于电动汽车的"心脏"，为整车提供持续稳定的能量，驱动车辆行驶。

二、常见动力蓄电池的种类

应用于电动汽车上的动力蓄电池品种多样，经过技术发展和升级，目前在电动汽车中使用的电池主要有铅酸电池、镍氢电池、锂离子电池，如图 6-1 所示。

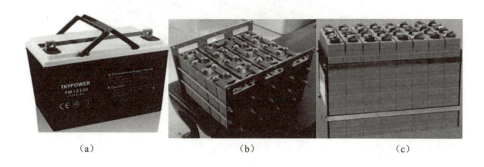

     （a）   （b）   （c）

图 6-1 常见电池种类
（a）铅酸电池；（b）镍氢电池；（c）锂离子电池

其中，铅酸电池作为电动汽车的低压辅助电池，为车辆的普通低压电气系统提供低压工作用电。镍氢电池主要用在丰田汽车公司的混合动力和插电式混合动力车辆上，如普通混合动力凯美瑞、卡罗拉双擎、雷凌双擎、插电式混合动力车型普锐斯等。而锂离子电池普遍应用在纯电动汽车中，如比亚迪 e5、北汽 EV200/160、荣威 E50、长安逸动 EV、宝马 i3、吉利帝豪 EV300/450/500 等。各类型电池特点如表 6-1 所示。

表 6-1 各类型电池特点

类型	特点	应用
铅酸电池	成本低，技术成熟。比能量和比功率低，相对笨重	在普通汽车、电动汽车上用于低压电池
镍氢电池	安全性较好，寿命较长，但成本高	丰田混合动力汽车
锂离子电池	能量密度高，自放电率低，使用寿命长，但成本高	电动汽车，如比亚迪 e5、北汽 EV200/160、宝马 i3 等

项目六 汽车新能源部分的维护与保养

三、动力蓄电池的系统结构

动力蓄电池系统主要由动力电池箱、动力电池模组、电池管理系统及辅助元器件 4 部分组成，如图 6 - 2 所示。动力蓄电池系统接收和储存由车载充电机、发电机、制动能力回收装置或外部充电装置提供的高压直流电，并且为驱动系统及辅助系统提供能量。

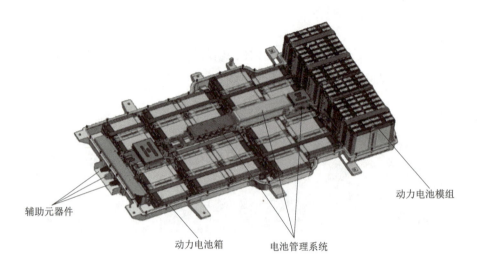

图 6 - 2   动力蓄电池系统

动力蓄电池系统的很多零部件通常集成在一个密闭的箱体内，叫做动力电池箱或电池包，安装在车身底部的前后桥与两侧纵梁之间，将动力蓄电池安装在该位置具有较高的碰撞安全性，还可以降低车辆的重心，简化车身结构。

1. 动力电池箱

动力电池箱内主要包括动力电池模组、电池管理系统、辅助元器件以及动力电池箱体等部件，动力电池箱结构如图 6 - 3 所示。动力电池箱是用来支撑、固定和包围动力蓄电池系统组件的，具有承载保护动力电池模组及电气元件的作用，为电池系统提供防水、防尘、抗振动等保护，为电池系统安装提供机械接口。

图 6 - 3   动力电池箱结构

新能源汽车的电池箱体大都通过螺栓固定在车身底板下方，其防护等级为 IP67。当进行整车维护时需观察电池箱体螺栓是否松动，箱体是否破损变形，密封法兰是否完整。电池箱体表面不得有划痕、尖角、毛刺、焊缝及剩余油迹等外观缺陷。

2. 电池单体、电池模块与电池模组

电池单体即电芯，是构成动力电池模组的最小单元，一般由正极、负极、电解质及外壳等部分构成，可实现电能与化学能之间的直接转换。

电池模块是指一组并联的电池单体的组合，该组合额定电压与电池单体的额定电压相等，是电池单体在物理结构和电路上连接起来的最小分组，可作为一个单元替换。

电池模组是指电池单体经过串联或并联的方式进行组合，并设置保护线路板及外壳后能够直接提供电能的组合体，如图 6 - 4 所示。电池模组的组合方法主要有先并后串、先串后并和混联三种，是组成动力电池系统的次级结构之一。

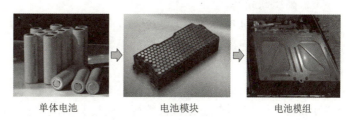

单体电池　　　　　电池模块　　　　　电池模组

图 6 - 4　电池模组

3. 电池管理系统

电池管理系统按性质可分为硬件和软件，按功能可分为数据采集单元和控制单元。BMS 是电池保护和管理的核心部件，在动力电池系统中，它的作用就相当于人的大脑。它不仅要保证电池安全可靠地使用，而且要充分发挥电池的能力和延长使用寿命，作为电池和整车控制器以及驾驶者沟通的桥梁，通过控制接触器控制动力电池组的充放电，并向 VCU 上报动力电池系统的基本参数及故障信息。另外 BMS 通过电压、电流及温度检测等功能实现对动力电池系统的过压、欠压、过流、过高温和过低温保护，继电器控制，SOC 估算，充放电管理，均衡控制，故障报警及处理，与其他控制器通信等功能；此外电池管理系统还具有高压回路绝缘检测功能，以及为动力电池系统加热的功能。

4. 辅助元器件

动力电池箱内部的辅助元器件按照作用分类，主要有电子控制单元、继电器组件、信息采集元件、温度调节元件、保护装置以及高低压连接线束等部件。

1）主控盒（器）

主控盒是动力电池管理系统的控制中心，用来控制总正继电器、加热继电器以及预充继电器，还通过 CAN 总线与 VCU 进行通信。

2）从控盒（器）

从控盒用来分别采集左右电池组的单体电压和模组温度，然后通过 CAN 总线将信息输送给主控盒。

3）高压控制盒（器）

高压控制盒的主要作用是采集总电压、电流，检测高压绝缘情况等，然后通过 CAN 总线传输给主控盒。

4）高压继电器

电池包内通常设有多个高压继电器，也叫做断路器或继电器。电池管理系统要完成对继电器的驱动与状态检测，通过与整车控制器通信协调后进行控制。电池包内的继电器一般有总正、总负、预充以及加热继电器等。

5）维护插接器

维护插接器也叫做维修开关或紧急开关，在特定时刻能够实现高压系统的电气隔离，是保证电动汽车高压电气安全的关键部件。在车辆维修或存在漏电危险等特殊情况时，使用维修开关人工切断高压电路。

6）高压断路器

高压断路器也叫做高压熔断器，或叫做动力电池主保险，它串联在被保护电路中，用来保护电气设备免受过载和短路电流的损害。

7）电加热膜

动力电池的电加热膜外表为一层绝缘硅胶，因此又称硅胶电热膜或硅橡胶电热片，是一种采用耐高温、高导热、绝缘性能好、强度高的硅橡胶和耐高温的纤维增强材料以及金属发热膜电路集合而成的软性电加热膜元件。

8）温度传感器

为了保证电池的使用性能，必须使电池工作在合理的温度范围之内。温度传感器用来检测动力电池的电芯温度。

9）加热断路器

当动力电池的加热电流过大时，加热断路器熔断，用来保护加热系统零部件。

10）预充电阻

根据电动汽车的安全标准条例，对高于 60 V 的高压系统，其上电过程必须大于 100 ms。在上电过程中应该采用预充过程来缓解高压冲击，以提高整车的安全性能。

四、动力蓄电池系统的工作过程

1. 动力蓄电池的工作原理

锂离子电池的工作原理就是指其充放电原理：当对电池进行充电时，电池的正极上有锂离子脱出，脱出的锂离子经过电解液运动到负极。作为负极的碳呈层状结构，它有很多微孔，到达负极的锂离子就嵌入碳层的微孔中，嵌入的锂离子越多，充电容量越高，放电则正好相反，从中不难看出，在锂离子电池的充放电过程中，锂离子处于从正极 → 负极 → 正极的运动状态。如果把锂离子电池形象地比喻为一把摇椅，摇椅的两端为电池的两极，而锂离子就像优秀的运动健将，在摇椅的两端来回奔跑。所以，专家们又给了锂离子电池一个可爱的名字——摇椅式电池。

2. 动力蓄电池系统工作过程

动力蓄电池模组放置在一个密封且屏蔽的动力电池箱里面，动力蓄电池系统使用可靠的高压接插件与高压控制盒相连，当 BMS 接收到供能信号时，通过控制高压继电器，接通动力蓄电池与用电设备之间的电路，向外输出高压直流电，供给高压直流设备。

五、动力蓄电池的技术参数

以 C33DB – SK 动力蓄电池为例，其参数说明如下。

动力蓄电池系统的额定电压 = 单体电芯额定电压 × 单体电芯串联数。

动力蓄电池系统的容量 = 单体电芯容量 × 单体电芯并联数量。

动力蓄电池系统总能量 = 动力电池系统的额定电压 × 动力电池系统的容量。

动力蓄电池系统质量比能量 = 动力电池系统总能量 ÷ 动力电池系统质量。

六、动力蓄电池的管理系统故障分级

系统内的 BMS 实时采集各电芯的电压、各温度传感器的温度值、蓄电池系统的总电压值和总电流值等数据，时时监控动力蓄电池的工作状态，并通过 CAN 总线与 VCU 或充电机之间进行通信，对动力蓄电池系统进行充放电等综合管理。电动汽车动力蓄电池故障包括一级故障、二级故障和三级故障。

三级故障：表明动力蓄电池性能下降，电池管理系统降低最大允许充/放电电流。

二级故障：表明动力蓄电池在此状态下功能已经丧失，请求其他控制器停止充电或者放电；其他控制器应在一定的延时时间内响应动力蓄电池停止充电或放电请求。

一级故障：表明动力蓄电池在此状态下功能已经丧失，请求其他控制器立即（1 s 内）停止充电或放电。如果其他控制器在指定时间内未作出响应，电池管理系统将在 2 s 后主动停止充电或放电（即断开高压继电器）。备注：其他控制器响应动力蓄电池二级故障的延时时间建议少于 60 s，否则会引发动力蓄电池上报一级故障。

任务实施

操作一　动力蓄电池的维护与保养

1. 操作步骤

电动汽车的动力电源是动力蓄电池系统提供的，对动力蓄电池的使用与维护保养直接关系到电池的使用寿命和电动汽车的行驶里程，要按时对动力蓄电池系统进行检测与维护保养。其检查步骤如表 6 – 2 所示。

动力电池包外观检查与维护　　动力电池的检测方法

表 6-2   动力蓄电池的检查与维护

步骤	操作方法	图示
1	关闭点火开关，拔下钥匙，断开动力蓄电池负极，断开维修开关（注意佩戴高压防护用具），拔下动力电池低压、总负和总正线束插头	
2	检查动力电池箱体外观有无磕碰、损坏	
3	绝缘检查（将动力蓄电池高压母线旋变拧开，用绝缘电阻表测总正、总负对地电阻，阻值大于或等于 500 Ω）	
4	底盘连接检查，用扭力扳手紧固固定螺栓	
5	检查动力电池高、低压接插件有无变形、松脱、过热、损坏等情况	
6	检查高低压接插件是否存在松动、破损、锈蚀、密封等情况	

步骤	操作方法	图示
7	电池内部温度采集点检查（将计算机监控温度与红外热像仪温度对比，检查温度精度）	
8	电池加热系统测试（电池箱接通 12 V，打开监控软件，启动加热系统，目测风扇是否正常）	
9	标识检查	
10	检查动力电池箱体密封性是否良好	

2. 学生训练结束场地的整理及总结（包含 7S 项目）

7S 项目管理是指作业过程中的整理、整顿、清扫、清洁、素养、安全和节约过程，是保持实训车间环境、提高工作效率、节约资源、实现轻松愉快和可靠工作的关键。

（1）套筒扳手、压缩空气机等操作工具的清洁与归位。

（2）清洗剂的回收和工作盘的清洁、整理与归位。

（3）实训车辆和实训场地的清扫、清洁。

（4）指导教师总结本次训练课题，布置实训报告表 6-3。

项目六 汽车新能源部分的维护与保养

表 6 – 3　实训报告

姓名		班级		实训日期	
实训汽车车型			车辆识别代码		
工作任务题目					

主要实训内容记录如下。

实训过程中疑难点记录 （需要教师解决问题）	
实训小结（心得和体会）	
实训作业	（1）动力蓄电池绝缘性能检查方法是什么？ （2）动力蓄电池密封性能检查方法是什么？ （3）动力蓄电池温度采集检查方法是什么？
教师评语	

操作二 电动汽车长期停放时动力蓄电池的维护与保养

1. 操作步骤（表6-4）

表6-4 电动汽车长期停放时动力蓄电池的维护与保养

步骤	操作方法	图示
1	车辆长时间停放（7天以上）时，需断开低压蓄电池负极	
2	车辆停放时间超过7天后，需每周进行一次车辆上高压（上高压4 h左右，直至READY绿灯点亮），通过车上动力蓄电池给低压蓄电池充电	
3	车辆长时间停放（7天以上）时，应保障车辆的剩余电量大于50%	
4	车辆停放超过3个月应做一次充放电循环：将车辆行驶放电至剩余电量30%以下，使用慢充将动力蓄电池充电至100%后，再将车辆行驶放电至50%~80%后继续停放	
5	车辆停放时，动力蓄电池会自行地放电，当电量低于30%时，需及时充电，防止动力蓄电池过度放电而影响动力蓄电池的性能	

2. 学生训练结束场地的整理及总结（包含7S项目）

7S项目管理是指作业过程中的整理、整顿、清扫、清洁、素养、安全和节约过程，是保持实训车间环境、提高工作效率、节约资源、实现轻松愉快和可靠工作的关键。

（1）套筒扳手、压缩空气机等操作工具的清洁与归位。

（2）清洗剂的回收和工作盘的清洁、整理与归位。

（3）实训车辆和实训场地的清扫、清洁。

（4）指导教师总结本次训练课题，布置实训报告（表6-5）。

表6-5 实训报告

姓名		班级			实训日期	
实训汽车车型			车辆识别代码			
工作任务题目						
主要实训内容记录如下。						
实训过程中疑难点记录 （需要教师解决问题）						
实训小结（心得和体会）						
实训作业	（1）如何查看电池电量？ （2）如何利用动力蓄电池给低压蓄电池充电？ （3）充放电循环如何进行？					
教师评语						

任务 2　汽车驱动系统的维护与保养

【学习目标】

知识目标	能力目标	思政要素和职业素养目标
（1）了解驱动电机、电机控制器及减速器的结构； （2）掌握对驱动电机、电机控制器及减速器进行维护与保养项目内容和方法	能进行驱动电机、电机控制器及减速器的维护与保养作业	（1）树立正确的学习观、价值观，自觉践行行业道德规范； （2）遵规守纪，团结协作，爱护设备，钻研技术； （3）发扬一丝不苟、精益求精的工匠精神

【任务引入】

客户报修：

一辆长安逸动 EV460 电动汽车行驶里程为 5 万 km，车主反映该车的驱动系统运行不平稳，有偶发性故障出现，要求工作人员对该车的驱动系统进行维护保养。

分析原因：

产生这种现象的原因可能有：驱动系统的传感器、执行器等线束接触不良；部件安装不牢靠导致线路信号传递不稳定；驱动控制器内部故障；驱动电机机械故障等。

【相关知识】

一、电动汽车驱动系统的分类

传统汽车动力是由发动机提供的，动力传递（FR）路线为发动机→变速器→传动轴→主减速器→半轴→车轮，传递路线长，传递效率在 97% 左右，有动力损失。电动汽车动力源于电机，传动系统大大简化。电动汽车驱动系统布局常用的有单电机驱动系统和多电机驱动系统。

二、单电机驱动系统

单电机驱动系统一般又分为机械驱动布置方式和电机 - 驱动桥组合式两种。机械驱动布置方式，在保持内燃机汽车传动系统基本结构不变的基础上，用驱动电机替换传统汽车的内燃机，其驱动系统的整体结构与传统内燃机汽车的区别很小。它主要由驱动电机、离合器、变速箱、传动轴和驱动桥等部件构成，如图 6 - 5 所示。

电机 - 驱动桥组合式：电机 - 驱动桥组合式在纯电动汽车中有着较为广泛的应用，其总体构成是在驱动电机端盖的输出轴处加装主减速器和差速器等，驱动电机、固定速比减速

图 6 – 5　机械驱动布置方式

器、差速器组合成一个驱动整体，通过固定速比的减速作用来放大驱动电机的输出转矩。由于省掉了离合器和变速器，机械传动机构紧凑，传动效率得到了提高，同时还使整车机械系统的质量和体积缩小了，有利于整车布置，便于安装，能够有效地扩大汽车动力电池的布置空间和汽车的乘坐空间。但这种布置形式对驱动电机的调速要求比较高，与机械驱动布置方式相比，此构型要求驱动电机在较窄速度范围内能够提供较大的转矩。按照传统汽车的驱动模式，可以有驱动电机前置前驱（FF）（北汽 EV200 采用此布局）和驱动电机后置后驱（RR）两种形式。电机 – 驱动桥组合式如图 6 – 6 所示。

图 6 – 6　电机 – 驱动桥组合式

三、多电机驱动系统

多电机驱动系统一般又分为电机 – 驱动桥整体式（图 6 – 7）和轮毂电机分散式（图 6 – 8）两种驱动方式。

驱动电机系统是纯电动汽车三大核心部件之一，是车辆行驶的主要执行机构，其特性决定了车辆的主要性能指标，直接影响车辆动力性、经济性和用户驾乘感受。可见，驱动电机是纯电动汽车中十分重要的部件。

轮边电机

图 6-7　电机-驱动桥整体式

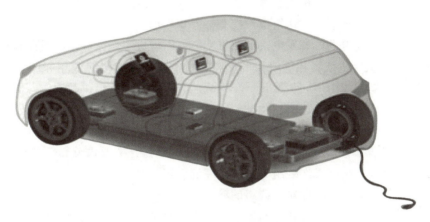

图 6-8　轮毂电机分散式

四、电动汽车驱动系统的组成及工作原理

驱动系统是纯电动汽车三大核心部件之一，也是车辆行驶的主要执行机构，其特性决定了车辆的主要性能指标，直接影响了车辆动力性、经济性和用户的驾乘感受。驱动系统主要由驱动电机、电机控制器和减速器等组成。

1. 驱动电机

驱动电机是电动汽车驱动系统的核心部件，是车辆行驶的主要执行机构，其特性决定了车辆的主要性能指标，直接影响了车辆的动力性、经济性和舒适性。它是把电能转换为机械能的一种设备，它利用励磁线圈，产生旋转磁场形成磁电动力旋转力矩。导线在磁场中受力的作用，使电机输出转矩。

1）驱动电机的作用

驱动电机、电控系统、动力蓄电池是电动汽车的核心部分，称为"三电"。在电动汽车上，驱动电机替代了传统汽车上的发动机和发电机，传统汽车通常是把化学能转换为机械能驱动车辆行驶，而驱动电机既可以将电能转换为机械能驱动汽车行驶，也可以作为发电机将机械能转换为电能，并存储在动力蓄电池内。

电机控制器将动力蓄电池的高压直流电变换为驱动电机的高压三相交流电,使驱动电机产生力矩,并通过传动装置将驱动电机的旋转运动传递给车轮,驱动汽车行驶。驱动电机不仅可以驱动车辆行驶,而且可以进行制动能量回收。驱动电机在制动、缓慢减速时,整车控制器发出相应指令,使驱动电机转换为发电机发电工况,此时驱动电机将车辆动能转换为电能,通过电机控制器以电能的形式向动力蓄电池充电。

2)驱动电机的组成

驱动电机主要由永磁同步电机、旋转变压器、温度传感器、冷却循环水道和壳体等部件组成。驱动电机是以磁场为媒介进行机械能和电能相互转换的电磁装置,是驱动电动汽车行驶的动力装置,是动力总成的核心部件,承担着电能转化和充电的双重功能。

(1)永磁同步电机。该电机具有效率高、体积小、质量轻及可靠性高等优点。永磁同步电机是驱动系统的重要执行机构,是电能与机械能转化的部件,依靠内置传感器来提供电机的工作信息,并将这些信息发送给电机控制器。

永磁同步电机具有电动机和发电机的双重功能。电动机工作原理是电机控制器分别控制U相、V相和W相绕组,或者相邻绕组的通电、断电在相应的绕组或相邻的绕组中产生磁场,永磁转子在磁场的作用下同步旋转。车辆减速时,永磁同步电机起到发电机的作用。交流发电机的工作原理是车辆减速时,驱动轮通过传动装置反拖永磁同步电机转子运转,旋转的永久转子磁场,分别切割U、V、W三相定子绕组,产生三相交流电。

(2)旋转变压器。旋转变压器是一种能转动的变压器,主要由旋转变压器转子与定子组成。这种变压器的一次、二次绕组分别放置在定、转子上。一次、二次绕组之间的电磁耦合程度与转子的转角有关,因此转子绕组的输出电压与转子的转角有关。

旋转变压器可分为正余弦旋转变压器、线型旋转变压器和比例式旋转变压器,主要用以检测电机转子位置,并把其检测结果传输给电机控制器,经解码可获知电机的转速。

当旋转变压器励磁绕组以一定的交流电压励磁时,输出绕组的电压值与转子转角成正弦、余弦函数关系。

(3)温度传感器。温度传感器用以检测驱动电机的温度,电机控制器用它的信号保护驱动电机,避免过热。北汽EV160采用的是PT1000温度传感器(铂电阻温度传感器)。金属铂(Pt)的电阻会随着温度变化而变化,并且具有良好的重现性和稳定性,利用铂的这种物理特性制成的温度传感器称为铂电阻温度传感器。PT1000表示在0℃时,其电阻值为1 000 Ω。

3)驱动电机的工作原理

动力蓄电池的直流电经过高压配电箱,通过电机控制器中的AC/DC变换器将直流电逆变成交流电,提供给永磁同步电机,进而永磁同步电机驱动汽车行驶。

当车辆滑行或制动时,电机控制器控制驱动电机使其处于发电状态,驱动电机利用车辆动能发电,通过电机控制器中的AC/DC变换器将三相交流电整流成直流电,回收能量存入动力蓄电池。

为避免驱动电机在工作过程中温度过高,电机冷却循环水管中的冷却液可将多余的热量带走,使其保持在正常的工作温度范围内。

4)驱动电机的安装位置

图6-9所示为典型电动汽车驱动电机的安装位置,即驱动电机装在前机舱动力总成支架下面。

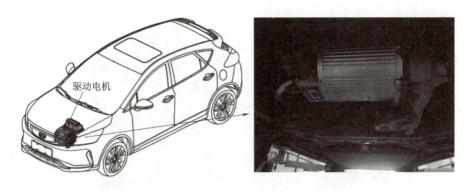

图6-9　典型电动汽车驱动电机的安装位置

5）永磁式驱动电机的特点

（1）体积小、功率密度大。由于新能源汽车的整车空间有限，因此要求驱动电机的结构紧凑、尺寸小，这就意味着驱动电机和电机控制器的尺寸将受到很大的限制，必须缩小驱动电机的体积，提高电机的功率密度和转矩密度。因此，一般选用高功率密度的永磁同步电机作为驱动电机。

（2）效率高、高效区广、质量轻。新能源汽车驱动电机的第二个特点就是效率高、高效区广、质量轻。由于当前充电桩尚未广泛普及，续驶里程短一直是新能源汽车的短板，提升续驶里程的方法有如下几种。

① 提升驱动电机的效率。

② 驱动电机的高效工况区要足够广，保证汽车在大部分工况下都处于高效状态。

③ 减轻驱动电机质量，间接降低整车功耗，提升续驶里程。

2. 电机控制器

电机控制器如图6-10所示，它是负责控制电机按照设定的方向、速度、角度、响应时间进行工作的集成电路。电机控制器将动力蓄电池供给的直流电电能逆变成三相交流电，给汽车驱动电机提供电源，以实现起动、运行、进退速度、爬坡力度等行驶状态，或者帮助电动车辆制动，并将部分制动能量存储到动力蓄电池中。驱动电机控制系统的另一个重要功能是通信和保护，实时进行状态和故障检测，保护驱动电机系统和整车安全可靠地运行。

1）电机控制器安装位置

电机控制器一般安装在前机舱动力总成的专用支架上。

2）电机控制器线束

电机控制器线束分为高压线束和低压线束，分别为高压直流电的输入、380 V三相交流电的输出和

图6-10　电机控制器

低压插接器，如图 6 – 11 所示。

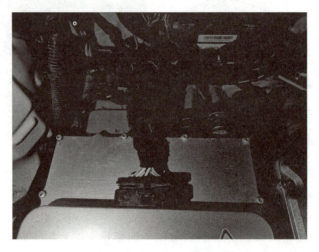

图 6 – 11　电机控制器线束

3）驱动电机控制系统工作原理

在驱动电机控制系统中，驱动电机的输出动作主要靠电机控制器给出的命令确定，即电机控制器输出命令。电机控制器主要是将输入的直流电逆变成电压、频率可调的三相交流电，供给配套的三相交流永磁同步电机使用，如图 6 – 12 所示。

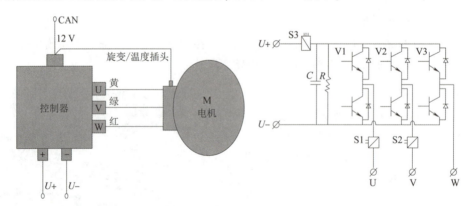

图 6 – 12　驱动电机控制电路

3. 减速器

1）减速器的功能

电动汽车为了输出更大的转矩，而采用了更大功率的电机，并通过减速器有效地改变整车的传动比，实现转速和转矩变化。减速器的主要功能是将驱动电机的转速降低、转矩升高，以保证驱动电机的转矩、转速满足车辆需求。北汽 EV200 车型采用的减速器是一款前置前驱的减速器，如图 6 – 13 所示，分左右箱，两级传动结构，采用前进挡和倒挡共用结构设计，整车倒车通过驱动电机反转实现。

2）减速器的分类

减速器是一种相对精密的机械，使用它的目的是降低转速，增加转矩。它的种类繁多，

图 6 – 13　前置前驱减速器

型号各异，按不同的结构分类如下。

（1）按照传动类型可分为固定轴齿轮减速器、蜗轮/蜗杆减速器和行星齿轮减速器。

（2）按照传动级数不同可分为单级减速器和多级减速器。

（3）按照齿轮形状可分为圆柱齿轮减速器、圆锥齿轮减速器和圆锥 – 圆柱齿轮减速器。

（4）按照传动的布置形式又可分为展开式、分流式和同轴式减速器。

常见固定轴齿轮式减速器的基本参数如表 6 – 6 所示。

表 6 – 6　减速器基本参数

技术指标	技术参数
最高输入转速	9 000 r/min
转矩容量	≤260 N·m
驱动方式	横置前轮驱动
减速比	7.793
驻车功能	无
质量	23 kg
润滑油规格	GL – 475W – 90 合成油（不含润滑油）
设计寿命	10 年 /30 万 km

3）减速器的结构与工作原理

减速器的主要功能是将驱动电机的转速降低、转矩升高，以保证驱动电机的转矩、转速满足车辆需求。电动汽车的减速器与传统汽油车减速器的功能和原理是一样的。减速器动力传动机械部分是依靠两级齿轮副来实现减增矩的，按其功用和位置分为右箱体、左箱体、输入轴组件、中间轴组件和差速器组件 5 个部分。减速器工作原理如图 6 – 14 所示。

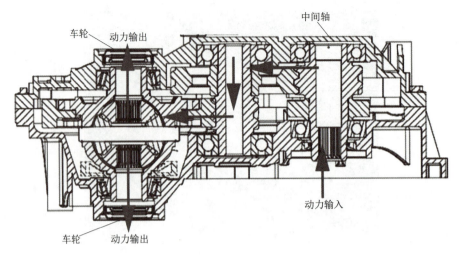

图6-14　减速器工作原理

任务实施

操作一　驱动电机的维护与保养

驱动电机外观检查与维护　　驱动电机车架的紧固

1. 操作步骤

驱动电机的维护与保养如表6-7所示。

表6-7　驱动电机的维护与保养

步骤	操作方法	图示
1	检查驱动电机表面是否有油渍，是否存在漏液现象	
2	检查驱动电机上水管和下水管有无裂纹和泄漏	

步骤	操作方法	图示
3	目测车身底部保护层,检查驱动电机是否有磕碰、损坏	
4	使用压缩空气或干布清除驱动电机机座外部灰尘、污垢	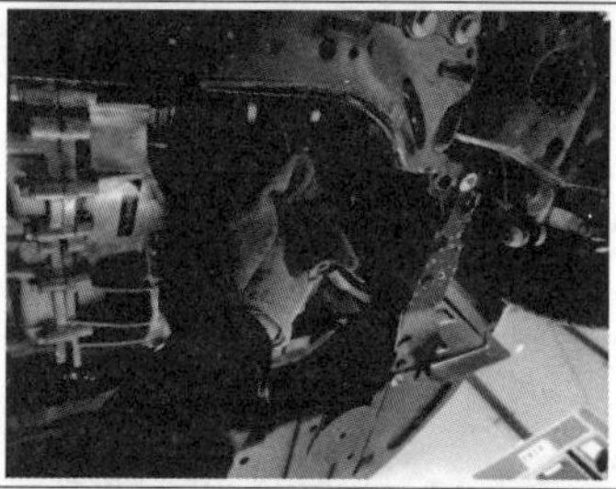
5	检查驱动电机的绝缘情况(驱动电机绝缘性符合安全要求,才能安全使用。可查看驱动电机铭牌,根据电机的额定电压选择合适的绝缘电阻表)	
6	检查驱动电机定子绕组(使用万用表测量驱动电机的定子绕组 U 和 V 之间、V 和 W 之间、W 和 U 之间的电阻值是否正常)	
7	检查电机控制器与电机连接的低压插接器状态,查看是否存在退针与虚接现象	
8	检查驱动电机温度传感器(测量电机温度传感器的电阻值时,需要在常温状态下测量,电阻值应为 $1\ k\Omega$ 左右,若电阻值为无穷大则为断路)	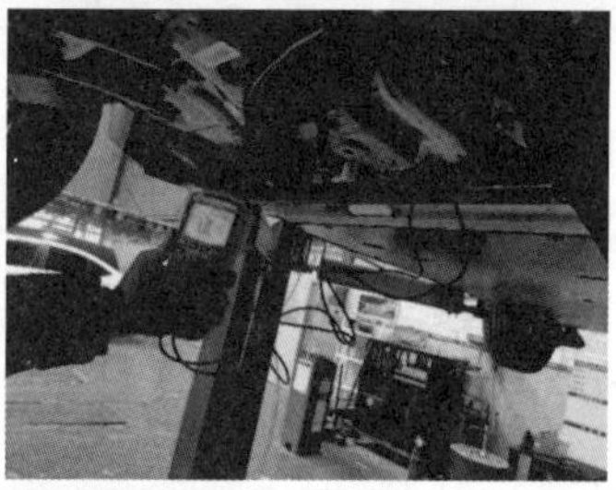

项目六 汽车新能源部分的维护与保养

步骤	操作方法	图示
9	检查驱动电机高压互锁端子（需要测量驱动电机高压互锁的电阻值，端子 L 和 M 之间，若电阻值为无穷大，则为断路）	19PIN

2. 学生训练结束场地的整理及总结（包含 7S 项目）

7S 项目管理是指作业过程中的整理、整顿、清扫、清洁、素养、安全和节约过程，是保持实训车间环境、提高工作效率、节约资源、实现轻松愉快和可靠工作的关键。

（1）套筒扳手、压缩空气机等操作工具的清洁与归位。

（2）清洗剂的回收和工作盘的清洁、整理与归位。

（3）实训车辆和实训场地的清扫、清洁。

（4）指导教师总结本次训练课题，布置实训报告（表 6 - 8）。

表 6 - 8 实训报告

姓名		班级		实训日期	
实训汽车车型			车辆识别代码		
工作任务题目					
主要实训内容记录如下。					

实训过程中疑难点记录 （需要教师解决问题）	
实训小结（心得和体会）	
实训作业	（1）驱动电机的绝缘检查方法是什么？ （2）驱动电机温度传感器检查方法是什么？ （3）驱动电机高压互锁检查方法是什么？
教师评语	

项目六 汽车新能源部分的维护与保养

操作二　电机控制器的维护与保养

1. 操作步骤

电机控制器的维护与保养如表6-9所示。

表6-9　电机控制器的维护与保养

步骤	操作方法	图示
1	检查驱动电机表面是否有油渍、污垢	
2	检查电机控制器冷却水管、接头处有无裂纹、渗漏	
3	目测电机控制器外部有无磕碰、变形或损坏，并使用压缩空气或干布对电机控制器的外部进行清洁	
4	检查电机控制器高压插接器是否连接到位，是否有退针现象，或存在过电压烧灼的情况	

步骤	操作方法	图示
5	检查电机控制器低压插接器是否连接到位，是否有退针现象，或存在过电压烧灼的情况	
6	检查电机控制器高压电缆绝缘性（电机控制器的搭铁绝缘电阻值应大于 100 MΩ）	

2. 学生训练结束场地的整理及总结（包含7S项目）

7S 项目管理是指作业过程中的整理、整顿、清扫、清洁、素养、安全和节约过程，是保持实训车间环境、提高工作效率、节约资源、实现轻松愉快和可靠工作的关键。

（1）套筒扳手、压缩空气机等操作工具的清洁与归位。

（2）清洗剂的回收和工作盘的清洁、整理与归位。

（3）实训车辆和实训场地的清扫、清洁。

（4）指导教师总结本次训练课题，布置实训报告（表6－10）。

表6－10 实训报告

姓名		班级		实训日期	
实训汽车车型			车辆识别代码		
工作任务题目					
主要实训内容记录如下。					

续表

实训过程中疑难点记录 （需要教师解决问题）	
实训小结（心得和体会）	
实训作业	（1）电机控制器外观常见的损伤有哪些？ （2）电机控制器插接器检查方法是什么？ （3）电机控制器绝缘检查方法是什么？
教师评语	

操作三　减速器的维护与保养

减速器磨合后，建议 3 000 km 或 3 个月更换润滑油，以后将进行定期维护。维护周期应以里程表数或时间为保养周期，以先到者为准，按 8 万 km 内的定期维护，超过 8 万 km 按相同周期进行维护。适用于各种工况行驶（重复的短途行驶，在不平整或泥泞的路上行驶，在多尘路上行驶，在极寒冷季节或者盐碱路上行驶，极寒冷季节的重复短途行驶）。如不是换油而是其他维修作业，在提升车辆时，也应同时检查减速器是否漏油。减速器润滑油质量及用量应按厂家要求选择。其维护与保养应在整车特约维修点进行，建议的维护周期见表 6-11。

表 6-11　电动汽车减速器的维护周期

公里数/km	1	3	4	5	6	7	8
时间/月	6	18	24	30	36	42	48
保养方法	B	B	H	B	H	B	H

注：B——当维护与保养检查必要时，应更换润滑油；H——更换润滑油。

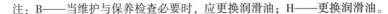

1. 减速器检查

减速器检查操作如表 6 – 12 所示。

表 6 – 12　减速器检查

步骤	操作方法	图示
1	举升车辆，检查减速器外部是否有磕碰、变形、漏油的情况	
2	检查差速器半轴防尘套有无破损、漏油，防尘套紧固卡环有无松动	
3	检查油位（若润滑油与油位螺塞孔齐平，则说明油位正常。否则，应补加规定的润滑油，直到油位螺塞孔口出油为止）	

2. 润滑油的更换

润滑油的更换操作如表 6 – 13 所示。

表 6 – 13　润滑油的更换

步骤	操作方法	图示
1	将车钥匙置于 OFF 挡，举升车辆	
2	拆下放油螺塞，排放废油	
3	废油排尽后，在放油螺塞上涂少量密封胶并按规定力矩（12 ~ 18 N · m）拧紧	

步骤	操作方法	图示
4	拆下油位螺塞、进油螺塞，按规定型号加注润滑油，按规定油量（加注到油位螺塞孔）加注新油	
5	在油位螺塞、进油螺塞上涂少量密封胶，并按规定力矩拧紧	

3. 学生训练结束场地的整理及总结（包含7S项目）

7S项目管理是指作业过程中的整理、整顿、清扫、清洁、素养、安全和节约过程，是保持实训车间环境、提高工作效率、节约资源、实现轻松愉快和可靠工作的关键。

（1）套筒扳手、压缩空气机等操作工具的清洁与归位。

（2）清洗剂的回收和工作盘的清洁、整理与归位。

（3）实训车辆和实训场地的清扫、清洁。

（4）指导教师总结本次训练课题，布置实训报告（表6-14）。

表6-14 实训报告

姓名		班级		实训日期	
实训汽车车型			车辆识别代码		
工作任务题目					
主要实训内容记录如下。					

实训过程中疑难点记录 （需要教师解决问题）	
实训小结（心得和体会）	
实训作业	（1）油液更换周期怎样确定？ （2）减速器外部检查有哪些？ （3）润滑油油位如何检查？
教师评语	

任务 3　汽车冷却系统的维护与保养

【学习目标】

知识目标	能力目标	思政要素和职业素养目标
（1）掌握电动汽车冷却系统的作用、组成及工作原理； （2）掌握电动汽车冷却系统维护与保养的工艺流程及内容	（1）能介绍电动汽车冷却系统的作用、组成及工作原理； （2）能进行电动汽车冷却系统的维护与保养作业	（1）树立正确的学习观、价值观，自觉践行行业道德规范； （2）遵规守纪，团结协作，爱护设备，钻研技术； （3）发扬一丝不苟、精益求精的工匠精神

【任务引入】

客户报修：

一辆长安逸动 EV460 电动汽车的行驶里程为 6 万 km，在使用过程中有出现温度过高的故障，初步检查后发现冷却液脏污，现在车主要求对该车的冷却系统进行维护与保养。

分析原因：

产生这种现象的原因可能有：冷却液过脏；冷却管路堵塞；风扇不转动等。

【相关知识】

一、电动汽车冷却系统概述

冷却系统是通过冷却液或冷却气流流经电机控制器、车载充电机和驱动电机等热源，热源通过热传递将热量传递给冷却液或气流，冷却液流经散热器是将热量传递给散热器，冷却气流则直接将热量带走，完成冷却热源的过程。

二、电动汽车冷却系统的组成结构

电动汽车冷却系统主要由电动水泵、散热器、电动风扇、膨胀水箱、电机控制器及管路等部件组成（图 6－15）。

1. 电动水泵

电动水泵为冷却液循环的动力元件，主要由电机壳体、电刷架、电刷、转子、永久磁铁、水泵底盖、水泵叶轮和水泵外壳组成。它的作用是对冷却液加压，使冷却液在循环回路里保持流动，带走热源的热量。

2. 散热器

散热器根据结构形式可分为直流型和横流型两类。散热器主要由储水室、散热器翼片、

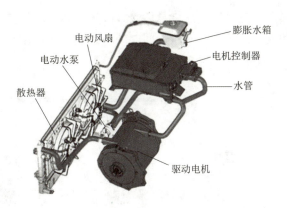

图 6-15　冷却系统的组成结构

散热器芯、进水管接口、出水管接口、防水螺栓、溢流管接口等组成。散热器就相当于一个热交换器，空气从散热器芯外面流过，冷却液在散热器芯内流动，冷空气将冷却液散在空气中的热量带走。

3. 电动风扇

电动风扇置于散热器后部，主要由冷却风扇、导热罩和电机等部件组成。电动风扇是由 VCU 控制的，它的作用是风扇旋转使空气加速通过散热器，增强散热器的散热能力，加速冷却液的冷却。

4. 膨胀水箱

膨胀水箱的主要作用是为冷却液的排气、膨胀和收缩提供受压容积，补充冷却液和缓冲"热胀冷缩"的变化，同时也作为冷却液加注口。膨胀水箱的位置要高于冷却系统所有的部件，目的是当冷却系统中冷却液受热膨胀至散热器盖的蒸气阀打开时，部分冷却液随着高压蒸气通过溢水管回到水箱中。

5. 冷却水管

冷却水管内外胶为三元乙丙橡胶（EPDM），中间层由织物增强，耐温等级是 I 级（125 ℃），爆破压力达到 1.3 MPa。

6. 冷却液

冷却液又称防冻液，是由水、防冻添加剂及防止金属产生锈蚀的添加剂等组成的液体。现在市面上使用最多的是以乙二醇为主要防冻成分，再添加缓蚀剂、消泡剂、着色剂、防霉剂和缓冲剂等组成的冷却液。冷却液除了具有良好的散热作用外还要有防冻结的作用。

为防止汽车在冬季停车后，冷却液结冰而造成散热器、管道等胀裂，要求冷却液的冰点应低于该地区最低温度 10 ℃左右，因此，冷却液中添加了乙二醇等降低冷却液冰点的添加剂。

三、电动汽车冷却系统的工作过程

冷却系统使用电动水泵来提高冷却液的压力，强制冷却液循环。冷却液流经驱动电机、MCU、充电机等热源时，热源通过热传导将热量传给冷却液，冷却液随之升温，随后冷却

项目六　汽车新能源部分的维护与保养

液经冷却管路流入散热器将热量通过热传导传递给散热器芯，冷却空气通过热对流将热量带走完成散热，最后冷却液经散热器出水管返回电动水泵进行往复循环，如图6-16所示。

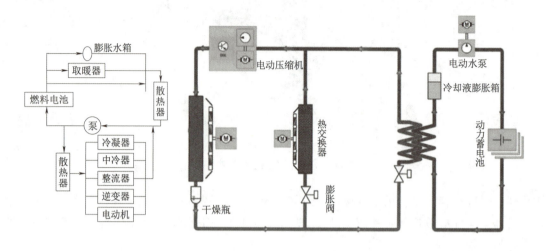

图6-16　冷却系统的工作过程

任务实施

操作一　冷却系统的检查

1. 操作步骤

冷却系统的检查如表6-15所示。

表6-15　冷却系统的检查

步骤	操作方法	图示
1	在电动机冷却状态下，检查膨胀水箱中的冷却液液位（应在"FULL"和"LOW"标记线之间）	
2	检查车载充电机冷却管路有无泄漏	

步骤	操作方法	图示
3	检查散热器水管有无泄漏	
4	检查驱动电机控制器水管的安装情况	
5	举升车辆	
6	检查驱动电机入水管、出水管有无泄漏	

2. 学生训练结束场地的整理及总结（包含 7S 项目）

7S 项目管理是指作业过程中的整理、整顿、清扫、清洁、素养、安全和节约过程，是保持实训车间环境、提高工作效率、节约资源、实现轻松愉快和可靠工作的关键。

（1）套筒扳手、压缩空气机等操作工具的清洁与归位。

（2）清洗剂的回收和工作盘的清洁、整理与归位。

（3）实训车辆和实训场地的清扫、清洁。

（4）指导教师总结本次训练课题，布置实训报告（表 6 – 16）。

项目六　汽车新能源部分的维护与保养

209

表 6 – 16　实训报告

姓名		班级		实训日期	
实训汽车车型			车辆识别代码		
工作任务题目					

主要实训内容记录如下。

实训过程中疑难点记录（需要教师解决问题）	
实训小结（心得和体会）	

实训作业	（1）散热系统的组成结构是怎样的？
	（2）液位及相关管路的检查有哪些关键点？
	（3）散热器如何进行检查？
教师评语	

操作二　冷却液的更换

电动汽车冷却液的更换方法及步骤与燃油汽车一样，具体可参见表 2 – 4 ~ 表 2 – 7。

任务4 电动汽车充电系统的维护与保养

【学习目标】

知识目标	能力目标	思政要素和职业素养目标
（1）了解充电系统的作用、类型，及组成； （2）掌握充电系统主要部件维护与保养的流程和方法	（1）能说明充电系统的作用、类型、组成结构及控制逻辑； （2）能进行充电系统主要部件的维护与保养作业	（1）树立正确的学习观、价值观，自觉践行行业道德规范； （2）遵规守纪，团结协作，爱护设备，钻研技术； （3）发扬一丝不苟、精益求精的工匠精神

【任务引入】

客户报修：

一辆长安逸动 EV460 电动汽车行驶里程为 7 万 km，长时间闲置未用，为保障车辆充电安全，车主要求对该车充电系统进行维护保养。

分析原因：

由于该车长时间未使用，为保障充电过程中充电设备及车辆的安全，应定期对该车车载充电机、DC/DC 变换器以及高压配电箱等进行维护与保养。

【相关知识】

一、电动汽车充电系统概述

电动汽车充电系统是维持电动汽车运行的能源补给设施，是从供电电源提取能量对动力电池充电时使用的有特定功能的电力转换装置，主要包括交流（慢速）充电系统和直流（快速）充电系统，电动汽车充电系统如图 6-17 所示。

二、慢速充电系统

慢速充电系统通过慢速充电线束（家用慢速充电线束、充电桩慢速充电线束）与 220 V 家用交流插座或交流充电桩相连为动力蓄电池进行充电；慢速充电系统通过车载充电机将 220 V 交流电转化为直流电，以实现动力蓄电池的电能补给。

1. 慢速充电系统的构成

慢速充电系统主要是由供电设备（交流充电桩或家用交流电源）、车载充电机、慢速充

项目六 汽车新能源部分的维护与保养

图 6 – 17　电动汽车充电系统

电接口、充电枪、高压线束、低压线束、高压控制盒、动力蓄电池、整车控制器等部件组成的。慢速充电系统构成如图 6 – 18 所示。

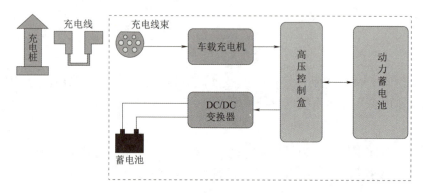

图 6 – 18　慢速充电系统构成

　　交流充电桩为具有车载充电机的电动汽车提供交流电能，提供人机操作界面和交流充电接口，并具备相应保护功能的专用装置，如图 6 – 19 所示。交流充电桩可应用在各种大、中、小型电动汽车充电站中。其特点是充电功率较小，电池充电时间较长，可充分利用低谷时段充电。

2. 慢速充电接口

　　慢速充电接口适用于电动汽车传导充电使用，其接口功能定义执行国家标准 GB/T 20234.2—2015《电动汽车传导充电用连接装置 第 3 部分：直流充电接口》规定，具体接口的额定值参见表 6 – 17。

　　北汽 EV200 的慢速充电口位于传统汽车的油箱口处，打开充电盖后可以看到充电插头为 7 孔式，如图 6 – 20 所示。另外需要注意，不充电时禁止打开充电盖。

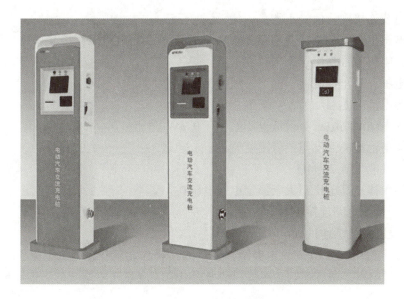

图 6 – 19　交流充电桩

表 6 – 17　慢速充电接口的额定值

额定电压/V	额定电流/A
250	16
	32

图 6 – 20　慢速充电接口位置

3. 慢速充电工作原理

1）慢速充电系统充电条件

（1）充电线连接确认信号正常。

（2）充电机供电电源正常（包括 220 V 和 12 V）及充电机工作正常。

（3）充电唤醒信号输出正常（12 V）。

（4）充电桩、整车控制器、电池管理系统之间通信正常。

（5）动力电池电芯温度为 5 ~ 45 ℃。

（6）单体电池最高电压与最低电压差小于 0.3 V。

（7）单体电池最高温度与最低温度差小于 15 ℃。

（8）绝缘性能大于 20 MΩ。

（9）实际单体最高电压不大于额定单体电压 0.4 V。

（10）高、低压电路连接正常。

2）慢速充电系统工作过程

交流充电桩（或家用 16 A 供电插座）提供的交流电经车载充电机整流、滤波、升压后转换为高压直流电压，通过控制盒连接到动力蓄电池。慢速充电系统的工作原理如图 6 – 21 所示。

（1）交流供电。将充电枪连接到交流充电桩，充电桩向电动汽车输入交流电。

（2）充电唤醒。充电枪通过 CC 连接确认信号后，车载充电机通过硬线向 VCU、BMS 发出充电唤醒信号、连接确认信号，VCU 唤醒仪表显示连接状态。

（3）BMS 检测充电需求。BMS 首先检测动力蓄电池有无充电需求，然后再计算需要的充电电流。

（4）BMS 发送充电指令。检测完毕后 BMS 将充电指令发送给车载充电机，由 VCU 发出指令，并由动力蓄电池管理模块控制闭合动力蓄电池正、负主继电器，开始充电。

（5）充电过程。车载充电机开始工作，将外部供电设备提供的 220 V 交流电转换为动力蓄电池的高压直流电储存到动力电池组件。

（6）停止充电。当 BMS 检测到充电完成后，发送指令给 VCU，此时，充电系统停止工作，动力蓄电池断开继电器。

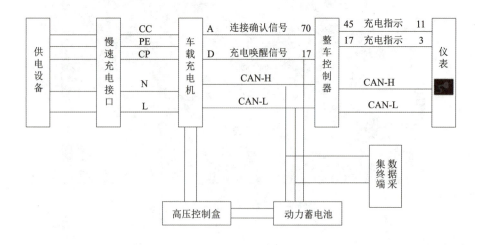

图 6 – 21　慢速充电系统的工作原理

三、快速充电系统

电动汽车快速充电方法

1. 快速充电系统构成

快速充电系统主要由快速充电桩（直流充电桩）、快速充电接口、高压控制盒、动力蓄电池、整车控制器、高压线束和低压线束等组成。直流充电桩如图 6 – 22 所示。

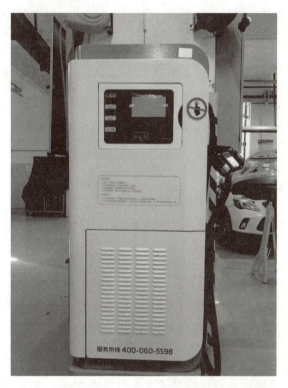

图 6 – 22　直流充电桩

2. 快速充电接口

直流充电桩的充电接口是充电桩与电动汽车快速充电接口进行物理连接，完成充电和控制引导的连接器。直流充电桩与电动汽车的充电接口功能定义执行国家标准 GB/T 20234.3—2015《电动汽车传导充电用连接装置第 3 部分：直流充电接口》的规定，如表 6 – 18 所示。北汽 EV200 的快速充电接口位于车头前部正中间位置，如图 6 – 23 所示。

图 6 – 23　快充充电口

表 6 – 18　直流充电接口额定值

额定电压/V	额定电流/A
750	125
	250

3. 快速充电工作原理

快速充电系统的组成结构如图 6 – 24 所示，在其工作过程中，VCU 是快速充电系统的主控模块。

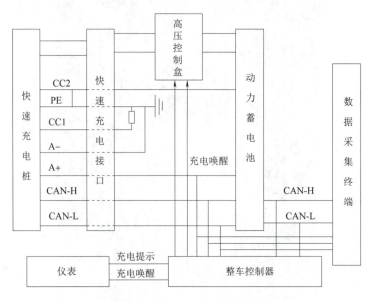

图 6 – 24　快速充电系统的组成结构

（1）直流供电。将充电枪连接到直流充电桩，充电桩给电动汽车提供高压直流电。

（2）充电唤醒。将充电枪由直流充电桩连接至车辆快充接口后，VCU 通过 CC 线判断充电接口已经正确连接，并启用唤醒线路唤醒车辆内部充电系统电路及部件。

（3）BMS 检测充电需求。BMS 首先检测动力蓄电池有无充电需求。

（4）BMS 发送充电指令。VCU 通过输出高压接触器接通指令至高压控制盒，实现快速充电桩与动力蓄电池之间高压电路的接通，开始充电。

（5）充电过程。在充电过程中，充电桩将外部供电设备提供的高压直流电转换为动力蓄电池的高压直流电储存到动力电池组件。同时，VCU 向仪表输出正在充电的显示信息。

（6）停止。当 BMS 检测到充电完成后，发送指令给 VCU，此时，充电系统停止工作，动力蓄电池断开继电器。

四、电动汽车充电系统的关键部件

1. 充电机

1）充电机的分类

（1）车载充电机。车载充电机固定安装在电动汽车上，当需要充电时通过电缆与地面交流电源连接完成充电，由于只需将车载充电机的插头插接到停车场或其附近的交流电源插座上或专用的充电桩上即可进行充电，因此车载充电机又称交流充电机。

（2）地面充电机。地面充电机又称直流充电机，指采用直流充电模式为电动汽车动力电池总成进行充电的充电机。直流充电模式是以充电机输出的可控直流电源直接对动力电池总成进行充电。

（3）感应式充电机。感应式充电机利用电磁感应耦合方式向电动汽车传输电能，两者之间没有实际的物理连接。

2）车载充电机的功能

车载充电机是采用高频开关电源技术，主要功能是将交流 220 V 市电转换为高压直流电给动力蓄电池充电，保证车辆的正常行驶。车载充电机工作过程需要协调充电桩、电池管理系统等部件，同时车载充电机提供相应的保护功能，包括过压、欠压、过流、欠流等多种保护措施，当充电系统出现异常时会及时切断供电，如图 6-25 所示。

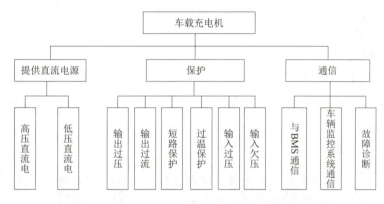

图 6-25　车载充电机的功能

3）车载充电机的结构

车载充电机接口由交流输入端、直流输入端、低压通信端组成，如图 6-26 所示。

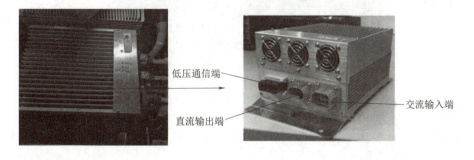

图 6-26　车载充电机接口

4）车载充电机的工作原理

车载充电机工作时，整流电路将输入的 220 V 交流电转变为脉动电流，经过 PFC 电路后转变为直流电，然后再进行逆变升压，最后将变压器输出的交变电流整流滤波后输入动力蓄电池进行充电，充电过程中充电机根据接受整车控制器或电池管理系统发送的充电电压、充电电流等指令进行工作。

5）电动汽车充放电速率的表示

电动汽车的动力蓄电池充放电速率对电池的性能影响很大，动力蓄电池的充放电速率有 C 率和时率两种表示方法。

（1）C 率。C 率又称倍率，是指电池在规定时间内放出其额定容量时所需的电流值，即 C 率 = 充放电电流（A）/额定容量（A·h），其数值为电池额定容量的倍数。例如，额定容量为 100 A·h 的电池用 20 A 放电时，其放电倍率为 0.2C。电池放电 C 率是放电快慢的一种量度。若所用的容量 1 h 放电完毕，则称为 1C 放电；若 5 h 放电完毕，则称为 1/5 = 0.2C 放电。

（2）时率。时率又称小时率，是电池以一定的电流放完其额定容量所需要的小时数，即时率（h）= 电池的额定容量（A·h）/规定的充放电电流（A），充放电时间表示的充放电速率。例如，蓄电池额定容量为 C20 = 12 A·h，则表示电池应以 12/20 = 0.6 A 的电流放电，连续达到 20 h 即合格。

2. DC/DC 变换器

1）DC/DC 变换器的结构组成

电动汽车中的 DC/DC 变换器（又称"变压器"）位于机舱内，在高压控制盒与车载充电机之间，主要用于将动力电池的高压直流电转换为 12 V 低压直流电给蓄电池及整车低压用电系统供电，其安装位置如图 6 - 27 所示。

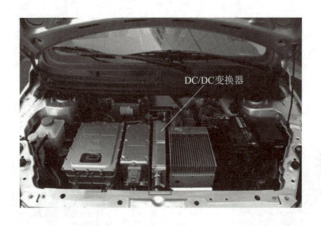

图 6 - 27　DC/DC 变换器安装位置

DC/DC 变换器共有 4 处接线口，分别为低压输出负极、低压输出正极、低压控制端、高压输入端，如图 6 - 28 所示。

2）DC/DC 变换器的工作原理

DC/DC 变换器的工作原理是 ECU 控制绝缘栅双极晶体管（1GBT）的导通和截止，把动力电池组件的直流电逆变成高压、高频交流电，然后通过变压器把这一高压、高频交流电转变为低压、高频的交流电，最后通过二极管整流滤波变成 12 V 直流电，如图 6 - 29 所示。

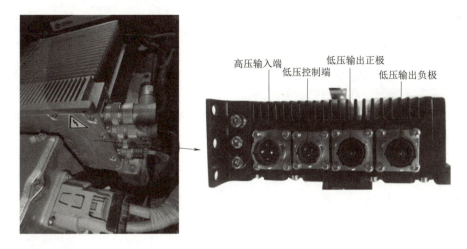

图 6 - 28　DC/DC 变换器接线口

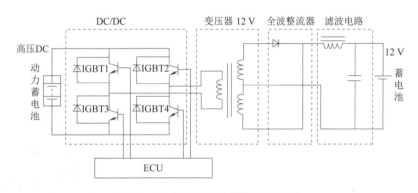

图 6 - 29　DC/DC 变换器工作原理

3. 高压控制盒

1）高压控制盒的结构组成

高压控制盒，也叫高压配电盒，其跨接在快速充电接口和电池之间，以及动力蓄电池和电机控制器之间，主要功能是对动力蓄电池中储存的电能进行输出及分配，实现对支路用电器件的切断和保护。高压控制盒主要包括整车主继电器、高压各分系统熔断器，如图 6 - 30 所示。

图 6 - 30　高压控制盒

2）高压控制盒工作原理

（1）当电动汽车处于充电模式时，经慢速充电和快速充电转换的高压直流电经高压控制盒连接到动力电池组件中。

（2）当电动汽车处于驱动模式时，动力电池组件中储存的高压直流电经高压控制盒分配到各用电部件，保证各部件的电能需求。

（3）当电动汽车处于制动能量回收模式时，回收的电能经高压控制盒直接以高压直流电形式储存到动力电池组件中。

任务实施

操作一　车载充电机的维护与保养

使用车载充电器给车辆充电

1. 操作步骤

车载充电机的维护与保养如表 6 – 19 所示。

表 6 – 19　车载充电机的维护与保养

步骤	操作方法	图示
1	佩戴绝缘手套、护目镜	
2	打开交流充电盖开关，对照各端口定义断开触头，并进行基本检查	

步骤	操作方法	图示
3	检查车载充电机线束及插头外观有无破损，如有破损应立即停止使用并进行检修	高压控制盒　电池线束　快充线束
4	检查车载充电机风扇转动是否灵活，散热器是否有脏污，如有应立即清洁	
5	检查低压接插器是否有松动，保证接插器可靠地连接	
6	检查高压接插器是否可靠地连接	
7	检查车载充电机紧固螺栓有无锈蚀，紧固力矩是否足够	

项目六　汽车新能源部分的维护与保养

221

步骤	操作方法	图示
8	检测车载充电机的绝缘性能，需要绝缘电阻表测量绝缘电阻。测量车载充电机中带电电路与外壳之间的绝缘电阻	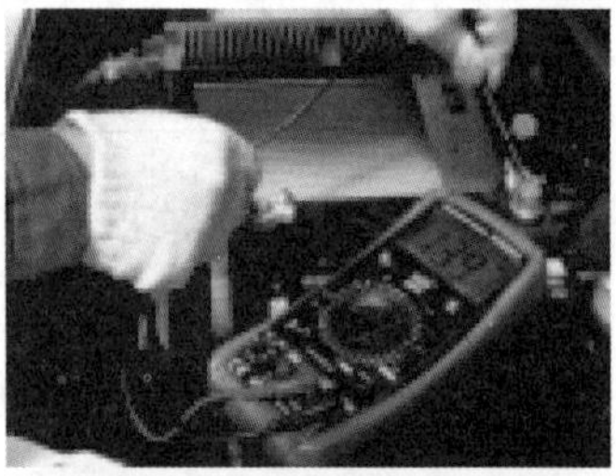
9	断开车载充电机高压插头，对照维修手册及电路图检查充电口到车载充电机高压插头之间各线束相关数据是否正常，测量完成后，应将仪器、接插器复位	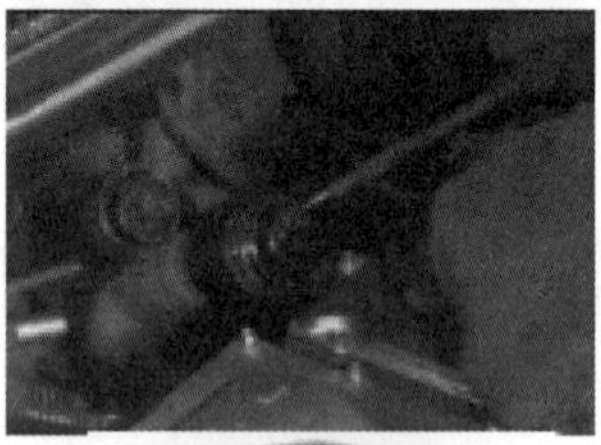 
10	对照维修手册及电路图，检查车载充电机到控制器之间各线束是否正常，若不正常应立即检修	
11	检查车载充电机工作时，充电指示灯是否正常	

2. 学生训练结束场地的整理及总结（包含 7S 项目）

7S 项目管理是指作业过程中的整理、整顿、清扫、清洁、素养、安全和节约过程，是保持实训车间环境、提高工作效率、节约资源、实现轻松愉快和可靠工作的关键。

（1）套筒扳手、压缩空气机等操作工具的清洁与归位。

（2）清洗剂的回收和工作盘的清洁、整理与归位。

（3）实训车辆和实训场地的清扫、清洁。

（4）指导教师总结本次训练课题，布置实训报告（表6-20）。

表6-20 实训报告

姓名		班级		实训日期	
实训汽车车型			车辆识别代码		
工作任务题目					
主要实训内容记录如下。					
实训过程中疑难点记录 （需要教师解决问题）					
实训小结（心得和体会）					
实训作业	（1）充电机外观检查的关键点有哪些？ （2）如何进行充电机的绝缘性能检测？				
教师评语					

操作二　DC/DC 变换器的维护与保养

1. 操作步骤

DC/DC 变换器的维护与保养如表 6 – 21 所示。

表 6 – 21　DC/DC 变换器的维护与保养

步骤	操作方法	图示
1	检查散热翅片，尽可能减少异物，保障散热时风道通畅	
2	检查低压接插器是否可靠地连接	
3	检查高压接插器是否可靠地连接	
4	检查外壳是否有明显碰撞痕迹，对 DC/DC 变换器模块是否造成损坏	

步骤	操作方法	图示
5	将车钥匙置于 OFF 挡，断开所有用电器并拔出钥匙	
6	使用专用万用表电压挡测量低压蓄电池的电源并记录此电压值	
7	将车钥匙置于 ON 挡，再次测量低压蓄电池电压，此次电压值为 DC/DC 变换器的输出电压，正常输出电压值为 13.5 ~ 14 V，如果两次测量的电压一致，且低于 13.5 V，说明 DC/DC 变换器有故障，请检查高压保险是否熔断，检查使能信号是否给出	
8	检测 DC/DC 变换器的绝缘性能，使用绝缘电阻表检测 DC/DC 变换器的高压接口绝缘电阻值是否正常	

2. 学生训练结束场地的整理及总结（包含 7S 项目）

7S 项目管理是指作业过程中的整理、整顿、清扫、清洁、素养、安全和节约过程，是保持实训车间环境、提高工作效率、节约资源、实现轻松愉快和可靠工作的关键。

（1）套筒扳手、压缩空气机等操作工具的清洁与归位。

（2）清洗剂的回收和工作盘的清洁、整理与归位。

（3）实训车辆和实训场地的清扫、清洁。

（4）指导教师总结本次训练课题，布置实训报告（表 6–22）。

项目六 汽车新能源部分的维护与保养

表 6 – 22　实训报告

姓名		班级		实训日期	
实训汽车车型		车辆识别代码			
工作任务题目					
主要实训内容记录如下。					
实训过程中疑难点记录 （需要教师解决问题）					
实训小结（心得和体会）					
实训作业	（1）DC/DC 变换器常见的损坏形式有哪些？ （2）如何对 DC/DC 进行绝缘性能检测？ （3）DC/DC 检查项目有哪些？				
教师评语					

操作三　高压配电箱的维护与保养

1. 操作方案

高压配电箱的维护与保养如表 6 – 23 所示。

表 6 – 23　高压配电箱的维护与保养

步骤	操作方法	图示
1	检查高压配电箱外壳有无变形、有无明显的碰撞痕迹。检查散热翅片之间是否有异物，如有可用压缩空气吹走	车内高压线　高压控制盒　车载充电机
2	检查高压配电箱连接线束是否牢固，有无破损、裂纹	
3	检查高压配电箱紧固螺栓是否锈蚀，紧固力矩是否足够	BAIC BJEV
4	检测高压配电箱的绝缘性能，使用绝缘电阻表检测高压配电箱的高压接口和高压电缆绝缘电阻值是否正常	

2. 学生训练结束场地的整理及总结（包含7S项目）

7S 项目管理是指作业过程中的整理、整顿、清扫、清洁、素养、安全和节约过程，是保持实训车间环境、提高工作效率、节约资源、实现轻松愉快和可靠工作的关键。

（1）套筒扳手、压缩空气机等操作工具的清洁与归位。

（2）清洗剂的回收和工作盘的清洁、整理与归位。

（3）实训车辆和实训场地的清扫、清洁。

（4）指导教师总结本次训练课题，布置实训报告（表6-24）。

表6-24 实训报告

姓名		班级		实训日期	
实训汽车车型			车辆识别代码		
工作任务题目					
主要实训内容记录如下。					
实训过程中疑难点记录（需要教师解决问题）					
实训小结（心得和体会）					
实训作业	（1）高压配电箱外部检查的关键点有哪些？ （2）高压配电箱的绝缘性能检查方法是什么？				
教师评语					

小　　结

（1）动力蓄电池系统主要由动力电池箱、动力电池模组、电池管理系统及辅助元器件4部分组成。

（2）电池单体即电芯，是构成动力电池模组的最小单元，一般由正极、负极、电解质及外壳等部分构成。

（3）电动汽车驱动系统布局常用的有单电机驱动系统和多电机驱动系统。

（4）单电机驱动系统一般又分为机械驱动布置方式和电机－驱动桥组合式两种。

（5）电动汽车驱动系统主要由驱动电机、电机控制器、减速器等部件组成。

（6）电机控制器是负责控制电机按照设定的方向、速度、角度、响应时间进行工作的集成电路，将动力蓄电池供给的直流电电能逆变成三相交流电，给汽车驱动电机提供电源，以实现起动、运行、进退速度、爬坡力度等行驶状态，或者帮助电动车辆制动，并将部分制动能量存储到动力蓄电池中。

（7）减速器是一种相对精密的机械，其作用是降低转速，增加转矩。

（8）电动汽车冷却系统主要由电动水泵、散热器、电动风扇、膨胀水箱和冷却液及管路等部件组成。

（9）冷却系统使用电动水泵提高冷却液的压力，强制冷却液循环。冷却液流经驱动电机、MCU、充电机等热源时，热源通过热传导将热量传给冷却液。

（10）电动汽车充电系统是维持电动汽车运行的能源补给设施，是从供电电源提取能量对动力蓄电池充电时使用的有特定功能的电力转换装置，主要包括交流充电系统和直流充电系统。

（11）慢速充电系统主要是由供电设备（交流充电桩或家用交流电源）、车载充电机、慢充充电接口、充电枪、高压控制线束、低压控制线束、高压控制盒、动力蓄电池、整车控制器等部件组成。

（12）快速充电系统主要由快速充电桩、快速充电接口、高压控制盒、动力蓄电池、整车控制器、高压线束和低压控制线束等部件组成。

练习思考题

（1）动力蓄电池由哪些部分组成？

（2）简述动力蓄电池绝缘性能检查方法。

（3）电动汽车驱动系统由哪些部分组成？

（4）电动汽车中使用减速器的作用是什么？

（5）简述如何更换减速器润滑油？

（6）驱动电机温度传感器检查方法是什么？

（7）驱动电机高压互锁的检查方法是什么？

（8）电机控制器外观常见损伤有哪些？

（9）电动汽车冷却系统由哪几部分组成？

（10）如何对车载充电机进行维护与保养？

（11）驱动电机高压互锁检查方法是什么？

（12）电机控制器外观常见损伤有哪些？

（13）电机控制器插接器检查方法是什么？

（14）电机控制器绝缘检查方法是什么？

（15）充电机外观检查的关键点有哪些？

（16）充电机插接器端子功能定义有哪些？

（17）充电机信号状态如何检查？

参 考 文 献

［1］杨晓刚．新能源汽车维护与保养［M］．北京：北京理工大学出版社，2020.

［2］包丕利．新能源汽车维护与保养［M］．北京：机械工业出版社，2017.

［3］徐东．新能源汽车技术［M］．北京：化学工业出版社，2022.

［4］宁德发．混合动力汽车结构原理检测维修［M］．北京：化学工业出版社，2018.

［5］楚宜民，陈小虎．汽车维护与保养［M］．北京：化学工业出版社，2021.

［6］吉武俊．汽车维护与保养［M］．北京：机械工业出版社，2021.

［7］尹少峰．电动汽车维护与保养［M］．北京：科学出版社，2021.

［8］苏占华．汽车维护与保养［M］．北京：机械工业出版社，2023.

［9］姜龙青．汽车维护与保养一体化教程［M］．北京：机械工业出版社，2012.

［10］杨智勇．汽车维护［M］．北京：人民邮电出版社，2020.

［11］宋孟辉．汽车美容与保养［M］．北京：人民邮电出版社，2021.